建筑大师赵祖望文集

赵祖望 编著

华南理工大学出版社
·广州·

图书在版编目（CIP）数据

建筑大师赵祖望文集 / 赵祖望编著. —广州：华南理工大学出版社，2023.12

ISBN 978-7-5623-7537-1

Ⅰ. ①建… Ⅱ. ①赵… Ⅲ. ①赵祖望－文集 Ⅳ. ① TU2-53

中国国家版本馆 CIP 数据核字（2023）第 249453 号

Jianzhu Dashi Zhaozuwang Wenji
建筑大师赵祖望文集
赵祖望　编著

出 版 人：柯　宁
出版发行：华南理工大学出版社
　　　　　（广州五山华南理工大学 17 号楼，邮编 510640）
　　　　　http://hg.cb.scut.edu.cn　E-mail: scutc13@scut.edu.cn
　　　　　营销部电话：020-87113487　87111048（传真）
责任编辑：洪梅芳　陆颖珊　骆　婷
责任校对：龙祈君
印 刷 者：广州小明数码印刷有限公司
开　　本：787mm×1092mm　1/16　印张：16.25　字数：209 千
版　　次：2023 年 12 月第 1 版　2023 年 12 月第 1 次印刷
定　　价：98.00 元

版权所有　盗版必究　　印装差错　负责调换

序一

赵祖望大师曾任中国航天建设集团有限公司（航天七院）总建筑师，一九六〇年毕业于华南工学院建筑学专业，一九八〇年调入航天七院，二〇〇〇年获"中国工程勘察设计大师"称号。时光流转，岁月如歌。六十多年来，他在建筑设计沃土上辛勤耕耘、倾注心血、收获芬芳。作为航天人，他为航天事业殚精竭虑，伴随航天七院栉风沐雨走向繁华；作为建筑设计师，他与中国建筑行业发展同向同行，见证并参与了中国现代建筑设计艺术的嬗变与演进。

赵大师与航天七院结缘的八十年代初，正是祖国改革开放浪潮汹涌激荡之时，赵大师辗转深圳、济南、大连、珠海、上海等地工作，为这些城市绘图布景，使其旧貌换新颜，不啻为改革开放事业的亲历者与贡献者。他从未忘记自己航天人的身份，孜孜以求将建筑美学融入航天事业星辰大海之中，为航天和国防基础设施建设书写浪漫序曲、描绘壮丽蓝图。进入新世纪后他退而不休、笔耕不辍，以旺盛的艺术创作力打磨出一件又一件艺术珍品。直至今日，已是耄耋之年的他仍然活跃在设计一线，以手中的画笔描绘新气象、捕捉新风向、礼赞新时代。

航天人科学和浪漫兼有的气质、自主创新的基因和严慎细实的作风赋予他精神给养和艺术魂脉，航天七院为他搭建起大展拳脚的舞台，让他在一个个项目中磨砺自我，在一次次挑战中突破自我，在一件件作品中成就自我。他也以传承这份精神基因和技艺谱系为己任，将很大精力投入到对年轻设计师的言传身教之中，毫无保留地把自己的全部经验传授给年轻一代，叮嘱他们以饱满的热情和过硬的本领投身航天事业、国防事业、国家事业，有一分热，发一分光，为新时代新征程贡献自己的力量。

  这部书稿在洋洋洒洒之间迭见作者匠心，从建筑延展到文化，从航天推及至社会，赵大师以轻松优雅的笔触记录了他的从业经历和艺术感悟，反映了他对建筑设计艺术的不懈追求，折射出他为航天事业奉献一生的赤子情怀。建筑是凝固的艺术，文字是流动的韵律。见人见物见精神，感谢有这本书，让我们再一次走近这个艺术生命，感受这份笃爱与坚定、鲜活与丰盈、从容与顽强，为我们剪影出一个可感可学、可追可及的立体形象。谨以此序，致敬赵祖望大师，也致敬每一位在土木年华中挥洒艺术人生的"建筑艺术家"，致敬每一位不负韶华、砥砺前行的创造者和奉献者！谨以一首诗题赠赵大师：

学术造诣孜孜求，

耄耋之年仍不休。

胸怀锦绣蓝图绘，

壮志凌云航天修。

中国航天建设集团有限公司

党委书记、董事长 　李治国

2023年12月6日

序二

赵祖望老先生出第二本书了,是文集,我也真服了,一位八十八岁高龄的老兄,居然能开车上班,站在设计第一线,与年轻人一起摸爬滚打,而且精力十足,少见!

赵老1960年毕业于华南工学院,他十分热爱自己的专业,每接一个任务,都是满腔热情地投入到设计工作之中,长年积累知识,先后在北京、深圳、大连、济南、西安等城市做了不少工业与民用建筑作品。他身为航天部设计院总工,更是为祖国航天事业作出了贡献。当航天员从太空回到地球后,进驻北京航天城时,也一定会领略到他设计的尖端厂房和实验室的魅力。他以那富于装饰性的现代风格的作品,活跃于建筑行业之中,颇受同行专家的好评。赵老以轻松优雅的文笔,书写了他的设计经历,全面地阐述了他对当今国内外建筑设计的看法,从文集中的《西欧城市建设给我们的启示》以及有关建筑艺术论述的文章中可见一斑。

赵老在几十年的设计生涯中，也创作了很多书法和绘画作品，有相当不错的艺术功底，希望他在有生之年，在建筑领域里发挥滚烫的余热，让更多的青年学者继续领略大师的风采，并从中受益。

2022年10月28日

写在前面

从事中国航天事业以来已有60余年了。在建筑行业中摸爬滚打的岁月里，有成功的喜悦，有失败的痛苦与惆怅，在设计的过程中，虽不能说是有多大的成绩，却时常有一些心得体会，几十年了，特别是近二十年里我先后写了不少文章，有设计中的体会，有错误中的教训，也有读书的心得，通过本专集，加以总结，以了却多年的心愿。

文集中分设有建筑论坛、建筑与航天、随笔、"我"眼中的赵大师以及部分本人的书画作品选等几个章节。《高效复合型图书馆创作浅思》一文中，通过本人设计的首都师范大学图书馆，简略地将图书馆形成的历史以及高等学校复合图书馆的设计心得书写了出来；在《当代建筑艺术综述》一文中，比较集中地介绍了扎哈·哈迪德的设计思想，并提出对动态建筑的看法以及采取折衷的设计理念；在《适老住宅设计》一文中，结合我为禧世秀缘所做的适老住宅方案，较为详尽地介绍了适老住宅的几种类型，结合家庭结构的变化，提出了较为合理的探索方案，方案设计中构思了老人与子女既分且合的居住环境，提出老年邻里之间合适的交往空间等主张。

在建筑论坛一节中，我以较大的篇幅介绍了何镜堂院士和普利兹克奖得主王澍先生。何院士大量的优秀作品为中国建筑界作出了光辉无比的榜样，也同时震惊了世界，是我仰慕的岭南建筑泰斗。

在《中餐好还是西餐好？》一文中，我着重介绍了王澍先生的宁波博物馆和象山校舍的设计，亦对他两个建筑作品谈了我的感想。

在建筑与航天一节中提到了"921工程"，这是我在中国航天建筑设计研究院从事设计工作以来遇到的为数不多的大型尖端工业建筑，由于涉及内部管理等缘故，这里不多述了。

文集中还有随笔、"我"眼中的赵大师，以及书画作品选等章节，其中有我从事设计工作时的经历及写的一些杂文，有不少杂志社的编辑在不同时期对我进行采访的文章，十分感谢他们，由于联系方式已失，未曾经他们审阅，在此表示歉意。书的最尾发表了几幅本人的书法和绘画作品，是我业余的爱好也是作为建筑师的基本功和必要的艺术修养。

本文集的成书得到了中国航天建设集团有限公司领导的支持和帮助，还有院党群部和文印厂的大力支持，以及华南理工大学出版社的大力帮助，在此深致谢忱，并特别感谢何镜堂院士为本文集作序。文集中有不到之处或错误，敬请批评指正，谢谢！

赵祖望

2023年岁末

目录

壹　建筑论坛　/ 1

高校复合型图书馆创作浅思　/ 2
当代建筑艺术综述　/ 22
为青年建筑师成就叫好　/ 36
　　——简评邹威作品：大连海事大学中心食堂设计
西安世界园艺博览会行纪　/ 40
世博归来　/ 43
适老住宅设计　/ 49
　　——以禧世秀缘方案为例
阅读感悟　/ 56
　　——读医养建筑
三顾河南郑东新区纪事　/ 75
西欧城市建设给我们的启示　/ 80
石岩湖温泉浴室设计构思　/ 98
读何镜堂　/ 107
中餐好还是西餐好？　/ 117
　　——解读王澍及其作品

贰　建筑与航天　/ 127

现代化航天城设计纪事　/ 128
在城市化进程中航天企业大有作为　/ 134

建筑与航天　　/　138
浅评集团公司第一届科技论坛　　/　143

叁　随　笔　/　147

我的航天路　　/　148
扎哈·哈迪德百日祭　　/　161
追梦西藏　　/　168
园林寻梦　　/　175
岭南建筑光辉的代表　　/　180
厕所趣谈　　/　184

肆　"我"眼中的赵大师　/　187

80后眼中的建筑大师　　/　188
建筑师谈建筑　指点古今中外　　/　196
　　——访一级注册建筑师赵祖望
痴情在蓝图　　/　203
　　——记"国家设计大师"赵祖望
凝动的音乐　永恒的艺术　　/　208
　　——记建筑设计大师赵祖望
追求，永无止境　　/　219
　　——访中国工程勘察设计大师赵祖望
五十载倾心设计　苦心人建造美丽　　/　226
　　——专访中国航天建筑设计研究院国家级建筑设计大师赵祖望

伍　书画作品选　/　233

建筑论坛

高校复合型图书馆
创作浅思

我接触高校图书馆的设计，可以追溯到多年前的毕业设计——中山大学图书馆的扩建工程。时任馆长是一位留学法国的学者，十分健谈，对于中外图书馆的建设和管理，真的有一套理论和说法。我现在尚能回忆起的，大约是钢架书库的建设要求，还有为求得阅览室拥有充足的光线，平面设计多采用"日"字形或"田"字形的要求。参观了中大的旧图书馆，实在是如进了圣堂，庄严得令人敬畏；再看看馆长提供的图纸资料，竟是在绢一类的材料上精心绘制而成，我们像翻阅文物一样，不敢"轻举妄动"。扩建的内容主要是增加阅览室面积和书库面积，所采用的设计当然离不开"口""日""田"字造型，当时高校的发展，虽然无法与今天相比，但图书馆的设计已有不成文的习惯做法，其大抵有如下规定：

（1）书库与阅览室的关系是前后水平并列，书库朝北。

（2）书库一律闭架，属单一集中型。其与借阅处的关系十分密切，为方便服务人员将图书入库、查找和出借，要求两者交通直接而且紧邻。这种属于手工操作的闭架图书馆。

（3）具备庞大的检索系统。当时查阅书籍靠的是目录卡片，一排一排目录卡片柜，占据了入口门厅一大片。门厅中央一般为借阅处，两旁全是目录柜，其使用效率无法与今天的电脑相比。

（4）阅览室专业化、小型化。为了采光通风，阅览室通常分布在天井周围，而与之相连的中央走道则是通向各阅览室的主要交通枢纽。所以读者的动线一般较长，读者较集中的时段，如课后、晚自修时，易发生拥挤现象。

当时，我们的思维无法摆脱已有模式的窠臼，好在原华南工学院的图书馆和北大旧图书馆均属于典型的作品，一旧一新，很能代表当时的水平。特别是我校建筑系名教授夏昌世的图书馆设计，对于我们来说，是一个典范和楷模。夏教授设计了一个通长的大台阶直通二层阅览室，底层则是办公区，这种设计模式一直延续了几十年，至今仍有当时的影子。图书馆建筑在中华人民共和国成立后虽建了一些，但真正在我国受到重视，已是改革开放之后的事了。特别是近十年，随着高等学府大量兴建和扩建建筑物，图书馆成批出现，如雨后春笋般。

图书馆的设计理念必然会随着其大量兴建而越来越受到重视。我们究竟要一个什么样的理论来指导我们今天的设计思想呢？在五花八门的图书馆建筑中有哪些教训需要引以为戒？又有哪些成功的经验需要我们去总结？应该说，解决这些问题的时机已到而且刻不容缓。

有一个事实不能不承认，最先关注图书馆建设的似乎不是建筑师和建筑部门，而是图书馆管理专家，是他们率先召开一系列的图书馆设计的专题会议，就我所知的，对图书馆设计比较有影响的几次大会大约是：

（1）1996年11月北京第62届IFLA大会。

（2）1997年昆明高等学校图书馆建筑学术讨论会。

（3）1999年4—5月在台北举行的"1999海峡两岸"图书馆建筑研讨会。

（4）1999年8月上海图书馆第11届国际图书馆建筑研讨会。

（5）2003年5月海峡两岸图书馆建筑研讨会。

其中1999年以来所举行的三次大会中的两次海峡学者研讨会，对今天的图书馆设计，有着很大的指导意义。其中一次研讨会主题为"变化中的图书馆和图书馆建筑"，对信息技术带来的挑战提出了许多有创意的构想，为今后的复合图书馆的设计带来了新的信息。

2003年的两岸图书馆研讨会，在1999年的理论基础上，进行了深化研讨。会后出了一本《2003海峡两岸图书馆建筑设计论文集》[1]，书中收集了50余篇论文，其中台湾地区13篇，涉及"图书馆建筑的变革与发展；图书馆建筑设计的新理念；信息环境、服务观念和功能的变化对图书馆建筑的影响；数字图书馆的发展与图书馆建筑的关系；图书馆建筑的文化特色和环境艺术；新设备、新材料、新技术、新工艺的应用与图书馆的人文特征"（论文集前言）等。我们感谢图书馆专家们适时地组织研讨和总结，他们的努力体现出了图书馆建设"与时俱进"的时代特色。

图书馆设计关注的是人与书之间的关系，图书馆建筑的历史是一段"书重于人"变成"人重于书"的历程。历史上曾出现过七大藏书楼，显然都是以藏为主的，分别是：

（1）文渊阁，位于北京故宫博物院太和殿东南，其阁本现藏于台北故宫博物院；

（2）文津阁，位于承德避暑山庄平原区西北部，其阁本现藏于国家图书馆；

（3）文源阁，曾位于北京圆明园内，现已不存在，只有新立的标牌表明它曾经存在过；

（4）文溯阁，位于沈阳奉天故宫内，是七阁中藏书最完整，而且散佚较少的藏书楼，1966年文溯阁《四库全书》运往甘肃保存；

（5）文宗阁，曾位于镇江金山寺，现已不存在；

（6）文汇阁，曾位于扬州大观堂，现已不存在；

（7）文澜阁，位于杭州孤山圣因寺，现属浙江省图书馆。

据文史资料载，清乾隆皇帝在《四库全书》开始纂修时，决定要建立藏书阁，于是就有了这七座楼阁。他的考虑在《文渊阁记》中有表述："凡事预则立，书之成虽尚需时日，而贮书之所，则不可不宿构，宫禁之中，不得其地，爰于文华殿后建文渊阁以待之。"清乾隆四十年（1775年）初颁布八谕："朕稽古右文，究心典籍，近年命臣编辑四库全书，特建文渊、文津、文源、文溯四阁，以资藏庋，所以嘉惠艺林，垂芳万世，典至钜也。"谕中又有："其间力学好古之士，愿读中秘书者，自不乏人。兹四库全书允宜广布流传，以光文治。"可见乾隆编纂《四库全书》是为了好古之士，也是为了其书广为流传，造福更多的好古之士，以达文治社会的目的。在腐朽的清王朝中，居然有一位明智的皇帝，实在难得！

《四库全书》编纂完成后，分别藏于扬州大观堂之文汇阁、镇江金山寺之文宗阁、杭州文澜阁，这是为了"安贮各该处，俾江浙士子得以就近观摩誊录，用昭我国家藏书美富、教思无穷之盛轨"。显然，乾隆是想让广大的读者能就近浏览书籍，展现国家馆藏之风，体现文治所带来的盛世。

另外，将藏书阁开放使之具有"观摩誊录"的功能，是否意味着由藏书进而到藏阅并重的创举就是由此开始？

据史书记载，图书馆一词，系19世纪末从日本传到我国。在此之前，具有藏书功能的场所称为府、观、台、殿、院、堂、斋、楼、阁等，西周的盟府、两汉的东观和兰台就是最古老的藏书楼了。

中世纪时，欧洲出现了藏阅兼备的所谓公共图书馆，但这属贵族们的特权。西方出现图书馆的两个世纪之后，中国才开始有了真正意义的图书馆，这已是1840年鸦片战争之后了。近百年，中国图书馆开始了以藏为主，藏阅合一的图书馆模式，后发展为藏阅并重，直至藏—借—阅分离的近代图书馆管理模式。今天，图书馆的设计理念确定了以用为主的基本原则，变藏—借—阅分离为藏—借—阅一体化的开架管理设计模式，这发展过程实质是从以书为主过渡到以人为主的过程，时空的跨越已是几百年！而书库从闭架到半开架（进入式书库）进而发展到今天的开架阅览都只是近几十年的事，可以说以藏为主过渡到以阅为主，标志着图书馆的发展又向前进了一大步。电脑、数字通信网络的出现及其广泛运用，无疑给图书馆的建设带来了一场革命，它发展到终极应该就是数字图书馆，也就是无纸图书馆。如果把网络出现之前的图书馆称普通图书馆，当今的既有纸质书刊又兼有数字通信网络阅览功能的图书馆则可称为"复合图书馆"。"复合图书馆"是以藏阅书籍为主辅以数字化网络，使数字资源能补充传统印刷馆藏的新型图书馆，打破了知识传播载体单一的传统。复合图书馆虽然属过渡的一种型式，但生命力极强。

最近又看到了有关"数字纸张"的报道，"数字纸张"是通过一系列的IT软硬件技术，以数字化的方式逐步替代传统纸张的存储、传输、阅读等功能，它比一般的信息电子化更进了一步。数字网络加上"数字纸张"再加上一台笔记本电脑，也许在将来的某一天，人们就可以把图书馆随意搬回家，搬到任何一个需要的角落。现有的图书馆则成为博物馆，收藏着大量文物类的书籍和文献，是仅供学者翻阅和研究的藏书所了。目前这只是理想，要实现还是十分遥远的事，其中有着太多的技术问题和学习的模式问题需要解决，所以深化研究"复合型图书馆"是必要的，也是现实的。

当今的图书馆在电子信息、网络化和电脑的支撑下，变化最大的当推新型阅览室和管理体系两大变革。

（一）新型阅览室的变革

数字化网络引进后，阅览室可以通过终端与馆外广阔的天地广泛联系，所能提供的信息远远超过了阅览室中的开架书库。台湾的谢宝暖做了一个有趣的调查研究，访问了3200位教师和学生，"结果发现尽管受访者认为印刷资料是比较可靠的资讯来源，但有90%的研究人员还是先上网搜索然后才会查阅纸本的资料，75%的学生说他们会先上网搜索，再寻求老师或馆员的协助，最后才是找纸本资料"。[1]

可见，以互联网作为学习研究工具的发展趋势逐渐上升，需求逐步大于架上查阅。

开架阅览成为近代图书馆设计的标志，书库从单一集中型的形式走向多线分散的形式，阅览室理所当然地承担着一部分与书库相同的角色。阅览室的功能因之而扩大，面积也随之增大，形成人在书中、书在人旁的学习氛围。那种小而分散的阅览室显然不能满足今天图书馆的需求，而扩大了的阅览空间就成为时代图书馆的象征。也正因为如此，我对不假思索地在平面上挖洞的设计是不认同的，空间上形成一个天井也好，两个、四个也好，这对新型阅览空间的形成都是不利的。我提倡化零为整，提倡大而灵活的现代阅览空间。对于超大型的图书馆，也希望至少有一个大型阅览空间，与中小型阅览室一起，组成系列阅读空间。

阅览室扩大了，垂直交通成了图书馆设计的关键，解决了进出阅览室的交通问题，其余设计就可迎刃而解。翻开具有大空间阅览室的国内外图书馆设计资料，不难看出读者的动线显然低于传统图书馆读者的动线，而且具有醒目、便捷的空间引导，极大地方便了读者。

作为大学图书馆，其阅览室有必要设教师辅导室或教师阅览室，这是为了使学生在阅读资料时便于向教师请教，作为课堂之外的补充。

阅览室是图书馆的核心，是读者最集中的地方，开架阅览室兼有书库的功能，电源接口增多，事故的隐患也会增大，所以新型的开架阅览室的安全防护设施，如烟感消防喷淋系统、电子监控系统等必须完善。同时，虽属"斯文之地"，但还得防盗，高校图书馆尤其如此。曾经有人窃书，竟从窗口扔出，楼下接应，以避开出入口的监控，难道窗要舍自然通风而作死扇？这恐怕不是能完全由建筑师解决的事。

开架阅览室内布置的形式大约有如下几种：

（1）较大空间阅览室，书库置于中部，周边为阅览位置。

此种布置是合理的，将光线最好最舒适的位置给读者阅览，而光线较暗的中部书库则辅以人工光源，查阅不至有问题。由于采用了大空间，读者可以将视线沿书架方向向后延伸，既扩大了视野，又能避免多余视线的交叉干扰，建筑师还可以设计许多趣味的多元化的小空间，打造满足不同人群需求的阅读角落。

（2）阅览在中央，四周为开架书库

当书架为避免日晒而与外墙垂直放置时，阅览室只能通过书架之间条形窗提供采光，阅览区采光不足，但是室内大空间的感觉强烈，视线无阻隔，这种布置利弊参半。

（3）书库区与阅览区各占一边

此种类型一般用在中小型阅览室内，如大型图书馆被天井分隔之后的中型阅览室。从阅览座位数量和书库使用率来说，不利于文献的布局和有效管理，我不大主张将这种布局应用在大型图书馆的阅览室中。

（4）将书库置于夹层中

这种类型常见于欧洲私家图书馆中，夹层下面仍然是阅读空间，设有爬梯可由室内直上夹层书库区。一般书库设于墙边，也不排除置于阅览室中部。这种设计的空间连贯，同样的面积可获得更多的阅览座位，但结构处理有许多麻烦，所以常用于单层小型休闲式私家图书馆中。

综上所述，开架书库与阅览区经常变动，甚至功能互换，这就要求开架阅览室必须是"三统一大"的设计，即统一柱网、统一荷载、统一高度、大空间。

（二）管理系统的变革

电脑技术、网络技术的运用除了使阅览室功能发生变革外，再就是管理体系了，本文不拟详述，因为图书馆管理专家更有条件和权威发言，这里，只是简单提及。

（1）为读者服务的目录厅，目前以联机公共目录查询系统（OPAC）取代目录卡，待网络更为完善和更为普及时，可以在任何地方查阅目录，确定之后才到图书馆查找。

（2）信息采集与数字化加工，文献信息载体从单一形式的实物形态载体（印刷书刊、光盘、磁带等）向多种形式（各种实物载体，以及虚拟态载体网络信息数据等）发展。

（3）提供实物和虚拟载体的查、阅、咨、借、藏一体化的一站式全开架服务，为管理提供了方便，改变过去功能各自分散的格局。

（4）高密度高容量的典藏空间，配合计算机自动检索，取件速度加快，仍是今后发展的方向。

（三）改扩建旧图书馆设计要注重的理念

城市要发展，学校也要发展，已有的图书馆多数已不符合当今的使用要求，需要改扩建。当今，闻名于世的名校名图书馆改扩建工程，首推北京大学图书馆和清华大学图书馆，两个工程的设计都是出自清华大学名教授关肇邺先生之手，凭着先生深厚的设计功底，在同一思路下创作出两种完全不同风格的优秀设计。设计从两校的建筑环境出发，充分尊重原图书馆的风格，使全新的建筑实体融于旧的建筑环境之中，似是历史长河中流露出来的一股清流，却又与主流浑然一体；像是旧建筑发育出来的新枝，古朴之中渗透着新意；又像是一个时代最完美的终结，再度续建几乎不可能。读着关先生的这两部大作，很有些感悟和联想，如何正确扩建旧图书馆？我们究竟应该扩建什么？

从科技进展特别是计算机、网络的发展来看，新图书馆首先要弥补的旧图书馆的不足应该是对信息的广泛运用，使图书馆走向网络化、智能化。其次，设置大而灵活的开架式阅览空间，以调整和补充旧图书馆小而分散的单一阅览空间。如果忽略此两点，即使搞得天花乱坠，也属不得要领之作。分析北大和清华图书馆扩建工程，这两个问题解决得算是成功的，要说尚有不足的话，以北大图书馆为例，关先生是十分重视原建筑的古建风格的，也有他所遵循的设计理念："不要没有根据地追求什么风格，也不忌讳使用什么风格……"实际上，关先生没少在古典法式中推敲并且加以运用，虽然完整地表达了先生对旧建筑环境配合上的理解和尊重，但同时这种新古典主义的模式，反过来又制约了新图书馆平面的设计，特别是开架阅览室的设计。从二层平面可以看出，设有两个中间通道分开的大阅览室，因为新旧之间的连接，中间大通道不可或缺，所以其平面就不能做到更大更洗练。如果将两个阅览室的角补齐，即在东北角与东南角拉齐，就具备了"三统一大"的阅览空间，对于北大学生来说当然欢迎的，他们缺少的正是这个，但是这对立面影响太大，古典味减少不说，那两边单层带有庑殿顶的配楼就受影响了，何况还有中式的院落。也不得不因此而割爱。

斗胆评价一下扩建后的图书馆，其形式是精心之作，用单德启教授的话，"（新图书馆）可以说是一个时代比较完美的结束，而不是另一个时代良好的开始"来评价十分贴切。[2]太讲究传统和文脉，有时对创作是一个启发，同时也是一种制约。在传统中常常包蕴着形式化和保守的倾向，建筑师在把握尺度时是很难的，如果另辟蹊径，在北大突出一个亮点，在对比中达到配合校园环境的目的，凭着关先生的学识，是完全可以做得到的。窦武先生在《建筑师》第74期上发表的《北窗杂记》一文中，引用格罗庇乌斯一句话："他在做设计之前，先要把脑子腾空，也便是说，要把脑子的传统残余统统丢出去。"但取向哪边，也是见仁见智，而我，是支持大胆创新走向的。

因此，以扩建图书馆的上述观点来分析，则是信息技术的运用、网络化、智能化已受到足够的重视，但大而灵活的阅览空间，开朗灵动的建筑形式却被比较沉闷的屋顶围困得令人有些窒息，从而感到有些遗憾了。而这种遗憾又绝不仅仅是"一些细部"概括得了的。[3]

既然组成图书馆最重要的两个体系，即阅览室和管理体系发生了变革，那么，新图书馆的设计就不应因循守旧地走以水平联系为主的"工""日""田""出"字形的老路，而应向着高效、便捷、舒适宜人的现代图书馆方向前进，这样才能真正做出短流程、短流线、开放式、灵活性的设计来。因此，如果条件允许，我建议另一种设计途径，采用集中的块体和以竖向划分功能的方式，也许更能体现上述的基本设计原则。

2001年，我有幸接到北京首都师范大学北校园区新图书馆的设计任务，将已形成的设计理念加以实践，在此与同行的专家们分享。

（一）新馆要突出新的设计理念

首都师范大学校址分南北校区，南区是本部，北区是新建校园区。原有图书馆设于本部，系1963年建成，后于1989年扩建了1800 m²阅览室，建筑面积达7600 m²，设计藏书60万册。随着教学科研对图书馆的需求不断增加，旧馆早已不能满足使用要求，而馆藏图书目前已逾200万册，原址用地有限，扩建几乎不可能，新建一幢现代化图书馆已成当务之急。

新馆设于本部之北的文科校区，东临西三环路，用地是由教学楼、食堂和学生宿舍围合而成的一块空地，属北校园区中心地带用地，在空地之东侧，占地面积13 473 m²（包括绿化、广场），拟建建筑面积16 000余平方米、藏书160万册、阅览座位2000个的新图书馆，观其环境、度其地位，想到它应该是这样的：

（1）是新型的数字化复合型图书馆，力求做到数字化、网络化、自动化。

（2）是整体的几何块体，以阅览室的大空间决定块体外形，以体现任务书所要求的"新馆建筑是21世纪现代教育、科学、文化的象征，要充分体现我校大师范教育的特色，既是中国几千年教

图书馆主入口全景

育传统的延续,又具有鲜明的21世纪现代教育的(建筑)风格"。任何一种分散的块体的组合方式,都不易创造出大师范教育系统的气魄。

(3)是明快简洁的现代建筑风格,但决不追求一无所有的光洁风格,应该是块体的贯穿和组合,以形成中心建筑所应有的高贵气质。

(4)主立面向西,入口朝内部广场是以方便读者所然,东立面临西三环干道,造型不能忽视,它应该是三环路上的亮点。

这既是创意所持的设计理念,也是作者追求的宗旨。

图书馆入口外景

（二）以阅览室为中心，确定建筑主体平面轮廓，竖直方向划分功能

本设计东西方向长，南北方向短。为争取南北向，取菱形并加以变形，长边作锯齿状，基本避免了东西晒，切去菱形之尖端，读者经一疏散小厅直入阅览室，将读者动线压缩到最短，中部作为开架书库，阅览座位沿四周排布，利用锯齿的退台，巧妙地布置阅览桌椅，打造出许多趣味角落。视线可透过书架之间的走道，使读者视野开阔，却又有遮挡，减少视线交叉干扰。在菱形之端头，设教师辅导室，突出了高校图书馆的特点。三、四、五层基本为同一标准层，六层设课室、研究室及日光交流厅（可设咖啡座），兼作休息、交友的空间。

为了使读者与工作人员动线分开，二层为借阅大厅，内设新书展示厅和电脑检索厅，有大台阶直上二楼，二层平面呈方形，使块体有了变化，形体相互贯穿产生灵动的效果。根据报刊阅读具有休闲性的特点，在二层设书刊阅览区，共享空间直通一层大厅，使一层空间舒展，又不影响报刊阅读。

底层进一步将方形放大，形成向外扩张的大平台，图书馆的管理系统、国学阅览区、报告厅、多功能厅及网吧均布置在一层，另设工作人员入口于大台阶之下方，南面设书籍出入口，与二层读者入口以垂直方式分开。

藏书库为地下一、二层，设运书梯两部，客货两用梯一部，充分满足书籍运送和工作人员工作的需要，藏书为三线典藏的方式（三线要求摘自胡越馆长之设计任务书）：

一线：图书馆主要藏书，利用率较高，安排在读者流量较大的二、三、四、五层，按大类设置阅览区，实行藏、借、阅合一；

二线：图书馆部分藏书，利用率较低，安排于本设计地下层，以闭架密集书库设计，外设阅览座位，实行半开架借阅；

三线：图书馆特藏文献，需要特殊保护，如古籍、文物类，1949年以前出版的旧书刊等，利用率极低，读者极少，管理上限制流通，设于一层。有特设楼梯直通地下国学书库，均采用气体消防，重点保护。

分析读者的动线，从入口至阅览室，没有多余的水平联系，没有套间或连廊过渡，读者出电梯，经过小厅直入阅览室。动线不迂回，不重叠，短而方便。高校图书馆的阅览室是最能充分反映高校图书馆特点的建筑空间，特别是开架阅览室，学生进出的时间较为集中，借、阅行为也带有集中性，由于读者群较为稳定，许多学生进图书馆并非完全依赖馆藏的资料，而是自带书本借地自习或研究

顶层阅览室

会议厅

三层向下见二层大厅

课题，有滞留时间较长的特点，所以大而灵活的空间，必然适合于一拥而进、疏散人流时间集中的高校图书馆。分层设书库、管理用房、公共活动空间及阅览室，将水平动线压缩到最短，体现现代图书馆设计所要求的高效、便捷、舒适、宜人的特点。

（三）创建一个蕴含文化的实体，营造一种校园文化的氛围

建筑是文化，绝不是指建筑本身就含文化，而是指无数幢优秀的建筑单体，组成成千上万个群体，在技术和艺术领域中所创造的物质财富和精神财富，经历长期的文化积淀，综合成为人们所认可的理念。图书馆属于积累和传播先进文化的重要基地，有别于为商业运作的建筑所避免不了的烦躁，也不能为了吸引顾主而炒作一些

二层大厅内景

挑逗式的符号，它应该是稳定的、憩静的，甚至是带有一些威严的品位的，人们从外景地逐渐步入神圣殿堂的整个过程，就是在文人来图书馆求知入座前的预享受。设置入口处的大台阶，我希望在确保流线不交叉的同时，也让读者在行走过程之中领会图书馆的气魄和神圣。大小方形块体与菱形块体之交织，加之面上的齿形变化，是希望人们不致因僵化的形体而感到索然无味，得体的形体搭配，透出一种雅趣之美。醒目的入口，配以后掠的两翼，有一种展翅欲飞的动感，引领着读者愉快地进入图书馆，告诉他，在这里可以达到"悦读"的境界。图书馆是文人的文化消遣地，是融入校园文化的文化建筑。立面点以似是而非的遮阳板点缀着锯齿窗，有提神之效。

　　当人们经历了这些视觉上的刺激再进入大厅时，就可以领略作者精心安排的一系列朴素而具有变化的内部空间。两层高的共享空间，划分出报刊阅览室、新书展厅、电脑检索厅及借阅处等功能区。舒适的室内环境会影响读者的心理，从而达到美的感受的目的。

（四）数字化的广泛运用，体现出一个现代复合图书馆所应该拥有的一切

本设计设有结构化综合布线系统，计算机及网络设备满足千兆以太网的要求，100M交换到桌面，以网格状布置接点，分布在阅览室及网吧之中，楼层间数据干线采用光缆，满足1000M数据传输。无纸载体与印刷载体相结合，形成现代的复合图书馆的特点。

此外，还设有完善的楼宇自控系统和音像系统，扩声、同声传译系统，为读者、为社会服务。

结语：

20世纪90年代初，有人定义当今的时代是"知识经济时代"，这似乎是比"市场经济"更进了一步，是"以智力资源的占有、配置，以科学技术为主的知识的生产、分配和使用（消费）为最重要因素的经济"。国际经济合作发展组织（OECD）定义："知识经济是以知识为基础的经济，这种经济直接依赖于知识信息的生产、扩散和应用。"不管这个时代是如何地归纳，知识在当今的重要性已十分明显，作为知识宝库的图书馆，其地位陡升，在高校已属"至高无上"，将它布置在学校最醒目的位置，提高到标志性建筑的辉煌地位，都说明图书馆在国家大计和发展中的重要性。就建筑规划和设计而言，以图书馆为中心的校园规划，无不将其环境视为校园学习、休闲、交友的兴趣中心，故往往成为设计者着墨最多的地方。

图书馆的设计，走过了单一藏书、藏阅合一的图书馆雏形，后来走向将藏、借、阅作为三个块体分开的模式，目前，已发展成整

体的成熟的模式。我在整体模式理念基础上，尝试竖向分层布置功能，以大阅览室空间为主的设计手法，设计了首都师范大学图书馆新馆。它以简洁直接的垂直交通，以最少叠合和最少迂回的水平交通组织平面，以得体、文雅的现代造型，辉映于新校园区。它是中心，却不一定具有最大的体量；它个性独特，却绝不孤立于统一格调之外；它是美的，绝不会是俗气零件的堆砌。所以，在西三环路边有它一席之地。

图书馆的设计，在公共建筑的领域中，功能和流线属比较复杂的一类，建筑师不可能只是将图书馆设计作为单一的专业，对图书馆的认识，也不能只限于常识的范围。建筑师只有与图书馆专家密切合作，才能有成。这里，不得不提到首师大图书馆馆长胡越先生，他是我国资深的图书馆专家，许多重要的图书馆设计，都是在他指导下完成的。他主笔的设计任务书，就是一篇论文，明确提出设计的指导思想，提到了三统一、三线典藏的设计要求，他曾说："我搞了许多别人的图书馆，现在给自己建，建不好说不过去。"因此，他十分细致地推敲图书馆的功能，可惜因资金有限，不能充分体现他的全部意图，留下不少遗憾。现在图书馆已建成，好评不断，他应该是"说得过去了"，在方案创作中，我实在是受益匪浅，许多功能性空间位置都由他指点，在此衷心致谢。

首都师范大学北校园区图书馆于2001年设计，2003年9月竣工，用地13 958m²（含广场绿化面积），总建筑面积16 504m²（不含另扩建书库2000m²），造价4050万元。另建建筑于2004年竣工。

主　设　计：赵祖望
参加设计：刘　江　姚永梅
结　　　构：侯　巍　张　丽
给　排　水：穆仕敏
暖　　　通：赵　红
电　　　气：孙开伟
弱　　　电：赵凤祥
建设单位：首都师范大学
工艺设计：胡　越
施工单位：北京建工集团有限责任公司

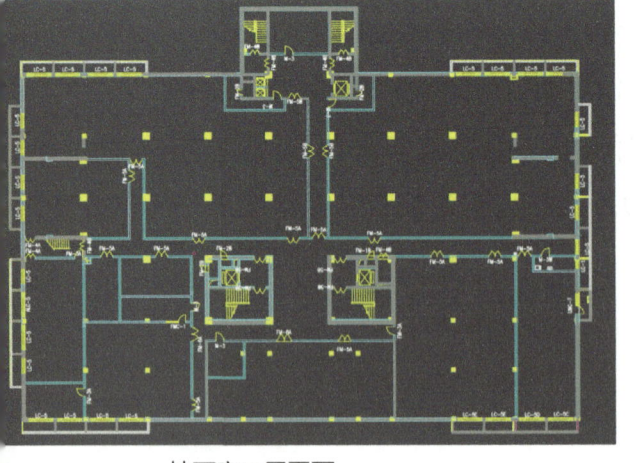

地下室二层平面

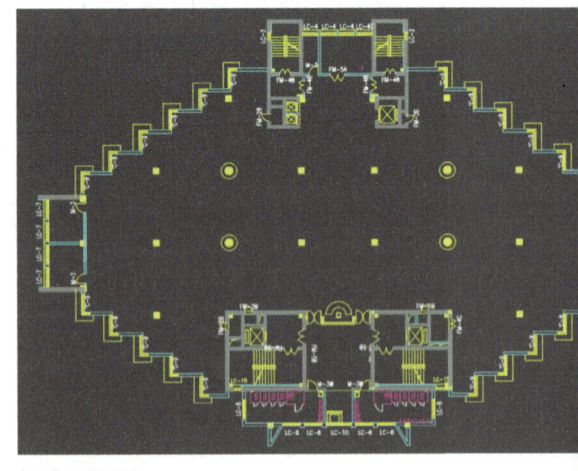

标准层平面

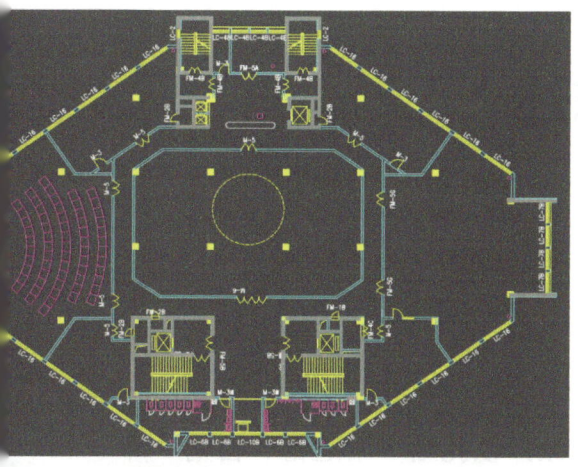

顶层平面　　　　　　　　　　三层平面

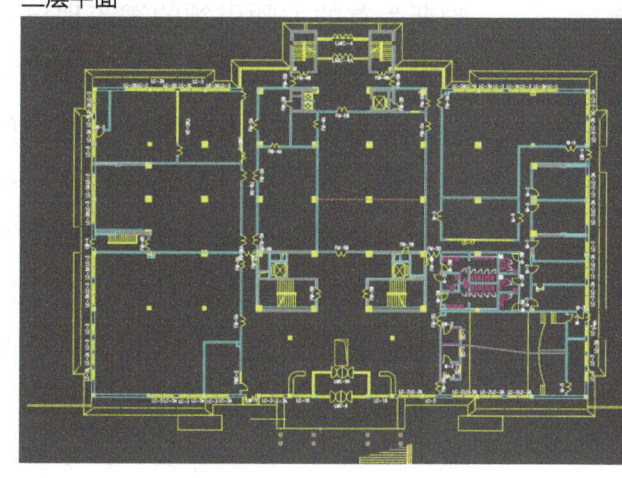

二层平面　　　　　　　　　　一层平面

参考文献

［1］戴利华. 2003海峡两岸图书馆建筑设计论文集［C］. 北京：北京图书馆出版社，2003：48, 301.

［2］曾昭奋. 清华园随笔［M］. 北京：清华大学出版社，2004.

［3］关肇邺. 百年书城一系文脉［J］. 建筑学报，1998（5）：15-19.

［4］北京市建筑设计编纂委员会. 北京建筑志设计资料汇编［G］. 1994.

［5］张品，周初梅. 文化建筑［M］. 南昌：江西科学技术出版社，1998.

［6］陈晋略. 图书馆［M］. 沈阳：辽宁科学技术出版社，2002.

当代建筑艺术综述

国际上出现了"动感建筑"流派,以扎哈·哈迪德、雷姆·库哈斯为首的大师引领的潮流现已传入国内,引起不同的反响。本人在设计中也尝试应用,本文将以实例阐述个人的体会和见解。

谈到国际上近年来一些建筑的设计,很容易使人想到美术馆、博物馆、展览馆、机场候机楼、火车站、体育馆等大型公共建筑。近十年以来,国际上发达国家的城市建设因饱和而放慢了发展速度。而在发展中国家,特别是中国、印度、阿联酋等国家,建筑市场却是方兴未艾,如火如荼。于是,不少国际知名建筑师纷纷到这些国家一展身手,创作出大量的新建筑。同时显现出新的建筑流派,总称为"动感建筑"。受其影响,近年来在我国也出现了大量的现代建筑,广州科技馆是"风帆的造型",广州大剧院是"漂来

具有哈迪德风格的广州科技馆的造型

广州科技馆结合风帆的造型

的砾石",还有北京的"鸟巢"、新央视大楼、尚都建筑群、四川的歌剧院等。在国际上,"动感"建筑也占住了不少风头,一种随意到失去章法的非几何块体在计算机新的软件支持下展现出来,引发了建筑界两种思潮,两种不同的理念激烈冲突。这两种思潮就是保守的现代派和激进的动感派,一方强调地域特点的"异质化",另一方主张国际一体化的"同质化"。

不管你愿不愿意,这两种截然不同的理念,在每一

库哈斯设计的新央视大厦①

北京SOHO尚都办公建筑(水晶体在建筑中的运用)

赫尔佐格的"鸟巢"设计(时代的象征)

①在200m高的上空挑出70m,引来争议,但因其奇特的造型和不俗的创意受到国际上的认可,为近年来的十大建筑之一。

个建筑师的头脑中也在激烈地争斗,而且有意识和无意识地表现在建筑师的设计之中,于是,以扎哈·哈迪德(Zaha Hadid)、雷姆·库哈斯(Rem Koolhass)、弗兰克·盖里(Frank Gehry)为代表的"动感建筑"流派在各国拥有大量的"粉丝",其在建筑界所引起的关注程度不下于一场文化地震!从近年来"动感建筑"流派的代表人物(如扎哈·哈迪德)获奖数量之高,可看出他们发展的猛烈势头:

1983年"香港之峰俱乐部"建筑设计竞赛获一等奖,使哈迪德开始得到国际上的承认;

1993年设计家具公司消防站,广受欢迎,得到高度评价;

哈迪德与香奈儿合作的Pavillon移动艺术馆

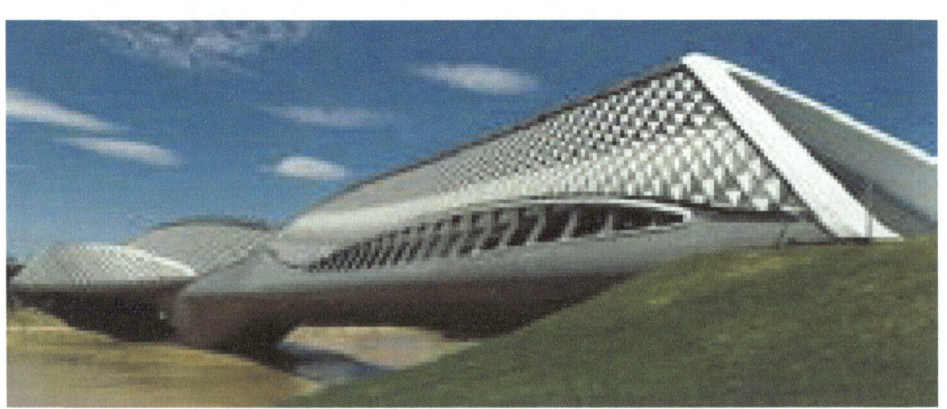

哈迪德在西班牙建的萨拉戈萨桥

纽约中央车站设计获得成功，她的作品被纽约现代艺术博物馆、法兰克福德国建筑博物馆等作为永久性藏品；

1997年被芝加哥和德国汉堡大学聘为客座教授；

哈迪德作品——意大利卡利亚里现代艺术博物馆（建在海边，包括商店、办公区、俱乐部和餐饮区）

哈迪德作品——阿联酋首都阿布扎比的表演艺术中心

盖里作品——位于美国拉斯维加斯的Lou Ruvo大脑研究所　　盖里作品——西班牙某酒店

到1998年止，在哈佛大学研究生院教授现代建筑，执掌丹下健三教席，表现出她在经典现代主义建筑学方面的功底。

2000年以来，哈迪德等人成了获奖专业户，主要作品：哈迪德设计的阿联酋首都阿布扎比新文化岛的博物馆和表演艺术中心、同时同地点由盖里设计的中东最大的古根海姆博物馆；安藤忠雄在这里也有精彩的设计；哈迪德夺得立陶宛首都维尔纽斯的古根海姆博物馆设计头奖，在意大利设计了轰动一时的卡利亚里现代艺术博物馆，在中国设计的广州大剧院被称为"漂来的砾石"；另有库哈斯设计的新央视大厦、盖里设计的Lou Ruvo大脑研究所，等等。成就不能不说是辉煌，特别是与名牌香奈儿（CHANEL）合作的Pavillon移动艺术馆（2008年建成），成了哈迪德近30年在连续变化和平滑过渡系列的探索和研究辉煌的延续，是形态学的经典之作。

"动感建筑"流派的设计风格遭到了多位著名学者的质疑。清华大学吴良镛院士在1996年西班牙举行的国际建协年会上说："看到很多东倒西歪的建筑，不禁担心这股'歪风'是否会吹到中国，畸形建筑将成为时代伤疤。"中国学者李健则称此类建筑师"抛弃了早期现代主义的简约和后现代主义的折衷，（建筑师们）开始迷上不规则和难以度量基于混杂的几何系统"。日本建筑界领军人物隈研吾认为"这是把建筑作为生钱的机器而产生的奇形怪状，缺乏传统建筑方法和材料，产生了'奇怪'的立面和与人类生活不符的内部空间"。

央视大楼被贬为"大裤衩"，国家大剧院更有人称为"牛粪蛋"，可见对当前建筑界出现的新动态是有不同看法的。更有一些激进的批评者认为国内出现这类建筑是外国文化"强奸"中国文化所生出的"野种"！是把中国当作新武器试验场的妖魔鬼怪建筑物！这已经不是一般的反对，而是仇恨了。

巨石的组合（一）

巨石的组合（二）

也有人表达对中国文化现状的担心："将他们（国外建筑师）的价值与文化观念强加于我们，其结果是慢慢地用外国的观念来观赏建筑，用外来的思维方式来思考建筑"，这是"文化殖民主义"。

这究竟是怎么回事？谁是谁非？应该深层次地作一些分析。

在自然界中经常存在着一些有意思的形体，有的是由不规则的碎片所构成的图像分形结构，并且以动态的形式作为其特征，如水晶的结晶，河流入海口被水分划出的滩头，冰雪的晶体，云朵的千变万化，还有我自己观察出来的，因地震而崩塌下来的巨石堆、人体器官在腹腔中的组合、动物的细胞形状等。这些东西中，许多是没有规律可循的，另一些如结晶体是有规律可查的，只是人们很难将之与建筑联系起来；又如河流入海冲积的滩头，看似无几何规律，但它是河水在从高向低流动的过程中与土地和岩石碰撞而成的，潜藏着有韵律的"潜规则"，其中仍然能悟出有序的现象；崩塌下来的山石堆，有的已有千万年的历史，这种稳定、奇特的组合也很壮美；还有北极的冰山等。将这些大自然赋予我们的种种元素组成建筑语言，从中找出创作的灵感，或者说将其作为城市中一种异类元素，会产生由变异带来的美感，我们承认它，运用它，有何不可以呢？

技术美学在当今被赋予了更丰富的含义，随着技术的高度发展，现代材料被广泛地运用，空间和跨度已达惊人的水平，技术手法几乎达到无所不能的程度，为建筑师提供了更多的选择空间，有的成为艺术表现重要的手段，呈现出结构的美。

电脑软件逐渐成为建筑师手上玩弄形体的工具，在它的帮助下，很容易得出有些随意的奇异造型，摆弄出从未体验过的奇特内部空间和外部空间，建筑师只需要高水平地加以选择和润色就能做出作品，从而受到一些勇于开创者的青睐。

从动感建筑师近期的作品看来，例如对扎哈·哈迪德的几个有名的设计加以分析，我们不能轻易地得出这样的错误结论：她是在随意乱来。

如果我们换一个角度来看问题，以吴良镛院士为代表的学术界的精英们对当今流行的建筑论点，也是有理由质疑的。现代主义建筑的理论过时了吗？目前全世界的建筑设计，现代主义当然还是主流，曾经出现过的流派，如后现代派、结构主义等都是以否定现代主义的经典理论起家的，但是谁敢承认自己真正脱离了现代主义的"清规""教条"了呢？伯纳德·屈米（Bernard Tschumi）是解构主义的先锋，他设计的法国巴黎拉维莱特公园被认为是解构主义的经典，结果自己规划了由数个120m²的方块组成的方阵，说明还是很有规律的，与其所主张的理论相悖！

现代主义建筑没有死！

现代主义建筑在20世纪30年代兴起，以其简约、实用、经济的优势取代了繁琐累赘的欧洲古典建筑。数十年不断地发展至今，仍然是建筑领域的主流。现代主义的发展，以及它所积累的经验，总结出了许多"清规"，一度使它受到了批判。后现代主义，特别是解构主义思潮的出现，几乎全盘否定了现代主义的一切成就，现在看来这些冲击经典的各种流派，只是昙花一现的幻影。那些并不成熟的理论在自相矛盾的逻辑中逐渐失去其继续发展的价值。然而，不可争辩的事实是：现代主义在受到各流派冲击的同时，也启发和促进了现代主义建筑的发展，从光洁到一无所有的简约理念，发展到今天现代建筑讲求的阴影变化、材质的搭配和对比、多种块体的组合，同时保留了空间流通和简约的优势，成为新的现代主义建筑的特征。

中国建筑师何镜堂院士的侵华日军南京大屠杀遇难同胞纪念馆、上海世博会中国馆的设计的确令人震撼，美籍华人建筑师贝聿铭的华盛顿东馆、北京香山饭店、苏州丝绸博物馆是当代的经典之作。现代主义建筑没有死，还在发展，也许在吸收"动感"的任意曲线之后又会有新的东西出来，而且比之于动感建筑中不断出现的无章法的败笔，要经济得多，实用得多，也美观得多。

改革开放以来，经济大发展，从计划经济到社会主义市场经济，从落后到腾飞，新旧之间急剧地转折，在这个历史转折的时期，总会有新旧两个极端的理念存在，一个偏于保守，一个偏于激进。我们则生活在两种思潮的夹缝中，在一番斗争之后，总有较为平和的折衷思潮出现，并以此推动建筑历史向前发展。

我们的建筑理念较之西方滞后几十年，往往一个理论刚刚开始盛行，人家又有新的理论出现，常见一些建筑师立即放弃当前的思维，紧跟新的东西。20世纪80年代初开始学习西方现代主义，"饭"还在夹生的状态又跟着后现代主义、解构主义，近几年哈迪德的动感建筑又出现了，不少人放弃了横平竖直的基本元素，追求随意的、平滑的、不可量度的、有些怪异的非几何形体，并成为当今的时髦。可以说，对于这些流派的观点和实践，我们连其设计理念都没来得及吃透，经常处在奔波的激动状态之中，以致一个时期的建筑建成不久就说它落后了，许多甚至变成了城市"垃圾"。日本建筑师矶崎新说"建筑形态或者建筑文化，基本上花一个世纪才能被消费掉，被认为是老了……今天，特别是在中国，已经升到一年一变的感觉""（中国）只是单纯在追求一种变化，起不到对建筑、对文化一种更大的good feel的推荐作用"。一味地跟风是要付出代价的。鲁迅曾经说过"外观既不后于世界之思潮，内之仍弗失固有的血脉"，此话出于20世纪，至今不衰！

　　与跟风相对应的是排外思想，其实是强调全球"同质化"还是"异质化"的是非问题。

　　各个国家之间存在着不小的差异，在较落后的古代，地域相隔得愈远，差异就越大。一个国家大了，例如中国，由于交通不便，隔着大山，隔着大江大河，形成区域之间文化和语言上的差异，如果社会停止发展了，这种差异就会永远定格在一个层面上，甚至差异变得更大。这当然是不可能的，人类社会的进步，包括文化、语言的相融合，首先是交往较易而又频繁的地域发生变化，区域之间的差异也会因此而变得模糊起来。而这种模糊的区域，只要条件允许，就会向纵深渗透扩大，这个过程就是"同质化"的演变。过去，国家之间通过车船进行文化贸易、交流，相互之间也有了文化的渗透和融合。随着科学技术的进步，现在情况有了质的变化，信息和网络时代到来了，无线电多媒体已到了"无所不能"的程度，人们可以不出门广知天下事，人类交流之深度和广度已今非昔比，于是有了"全球化""普遍化"亦即"同质化"一说，与之相对应的是"异质化""特殊化"。

"同质化"往往是某些先进的国家，将一些先进的科研成果以标准化的形式向世界普及，这在建筑界表现得特别明显。但凡国际上出现新的设计理念、新的创作思想，几乎是同步传到世界各地，也在各地开花，而且不可抗拒。同质化的现象不可避免，它取代了国家之间、民族之间的差异和特点，向着全球的同质化迈进，这是大的发展趋势。"异质化"的特点是保留民族的特色和传统，强调的是差异，可是这一切都在高度运转的信息化社会中被打破。在全球化同质化的过程中总会发生本民族的对抗和融合的客观事实，而且同样是不可避免的。保守者高喊"狼来了"和前卫者忽略地域性都是幼稚的、不合历史事实的单相思。所以国际之间的文化交流不存在东风压倒西风，也不会是西风压倒东风的全盘西化，也就是说没有绝对的同质化，也没有绝对的异质化，而是"环球同此凉热"的共享成果的关系。说白了，外国的电视、照相机、咖啡、可乐大量流入中国，并没有割断中国人看京剧、听相声和二人转的兴趣，也不会使茶馆都变成了咖啡厅和卡拉OK厅，相反还促进了传统文化的发展，否则不会有那么多人知道郭德纲和小沈阳。用清华大学教授吴焕加在一篇文章中的话来说："流行的风尚和物质商品从一国传到另一国，但从未使接受这些东西的社会发生多大变化。否则，低估了其他文化的力量，同时也把西方文化浅薄化了。"所以不要担心文化殖民了。

我主张折衷！

现代主义理论的发展有几十年的历史，大量成功的现代建筑足以证明它是不可替代的经典，有如古典音乐，一切流行一时的东西经常被人们遗忘，而高雅的乐韵却百年不衰。现代主义理论是基础，同时，我们也看到新的动感建筑，它通过外部空间的异化，也带来了从未体验过的内部空间感受，它打破了人们习以为常的三维空间，转为由少数灭点所形成的空间透视关系，从而带来了新的复杂的视觉冲击，有一种莫名的新鲜感，如果设计得体，它会是城市空间的一个亮点。相反，这种模仿自然、无序的组合，不可量度的曲体，以所谓动感几何构成街道、小区甚至一个城市，将会是怎样的结果呢？怕是不小心掉到外星球上去了。杂乱地堆砌，无肌理地搭配和穿插，必然会产生使人烦躁不安和头痛不已的恶果，到那时，也许人们又会反思，重新审视百年来所形成的现代主义旗帜下的经典理论了。显然，城市的发展不能依靠东倒西歪的建筑组合，那不符合人的行为模式，而是应选择从经典理论中求发展的思维模式，这就是折衷。何况哈迪德的设计思想并未成熟，她自己也认为还在不断的探索之中，我们也应该探索，在新旧之间找出一个切合点，完善自己的创作，为此，我拿出几个自己的设计，以证明我的折衷观点：

（1）上海世博会航天展览馆的试做方案，在椭圆形的实墙上，任意挖许多大小不同、形状不同的窗洞，建筑整体由平滑曲线组成多边的块体，是动感建筑的尝试；

（2）广东阳江海陵岛戏水乐园方案，是我早期对动感建筑的探索，动感的造型是以现代主义建筑理念发展而成的，是20世纪90年代初的作品；

（3）福建云霄县青少年活动中心方案一，倾斜的墙面与三角形平面组合，很有动感，是折衷的手法；

赵祖望作品——上海世博会航天展览馆的试做方案

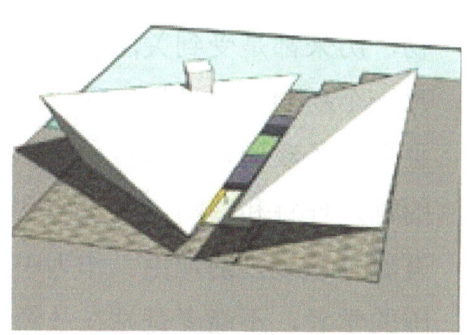

赵祖望作品——福建云霄县的青少年活动中心方案一（合作者：周威）

赵祖望作品——福建云霄县的青少年活动中心方案二（合作者：程亮）

　　（4）福建云霄县青少年活动中心方案二，有机的椭圆造型与随意的屋顶组合，很有新意；

　　（5）青岛滨海五星酒店方案，位于青岛海边，外墙设计偏离垂直走向而具有动感；

　　（6）兰州石油公司办公楼方案，将正面外墙向外折出，露出的柱子作为外墙装饰，是结合"动感"的折衷作品（中奖方案）。

赵祖望作品——青岛五星级酒店

赵祖望作品——兰州石油大楼

赵祖望作品——广东海陵岛戏水乐园

从这几个作品可看出动感建筑的造型艺术对我的设计思想的影响，当我们在坚实的现代主义基础上作出区别于以往习惯的做法，以折线和脱离常态的曲线来组合空间，在规律之中突出一部分变异的块体，形成亮点，就会使建筑作品产生意想不到的新意，这就是我的折衷追求。

建筑作为意识形态的产物，历来都是受到关注的。但凡一个新的"主义"出现，而且受到了欢迎，并拥有相当多的群众理解和追随，就说明它有着存在下去的理由。作为中国的学者，不能老是站在故纸堆上看世界，也需要在杂乱的声响中摘出合乎要求的音符，用来充实自己，更新和开阔自己的视野，促使建筑学向前发展。另外，对国外出现的东西，不应跟一阵风就飘飘然，需要的是冷静思考，也就是说，需要一根民族性和地域性的绳索，把已飞出的意识牢牢地拴在地球上，以人为本地做出精彩的东西。谁走向绝对的深渊，谁就会面临失败和死亡！

本文涉及本人还不成熟的观点，敬请大家指教。

本文发表于《纪念中国航天科工集团公司成立十周年七院论文汇编》（P14-24）

参考文献

［1］吴焕加. 标志性建筑50年：当代中国建筑艺术风尚的嬗变［J］. 建筑师，2009（2）：5-8.

［2］索健. 当代大空间建筑形态设计理念及建构手法简析［J］. 建筑师，2005（6）：44-50.

为青年建筑师成就叫好
——简评邹威作品：大连海事大学中心食堂设计

前不久，邹威从大连返京，带来了一个好消息：他主设计的大连海事大学中心食堂方案荣获一等奖。在向他表示祝贺的同时，我真是百感交集，他成熟了，成才了！

当前，大学校园有的搬迁，有的大规模扩建，有的择地办分校，一时间高热不退。建筑师们在不同的地块上各显神通，佳作不断。从众多的设计图中不难找出教学主楼、图书馆、体育馆等大型

大连海事大学中心食堂

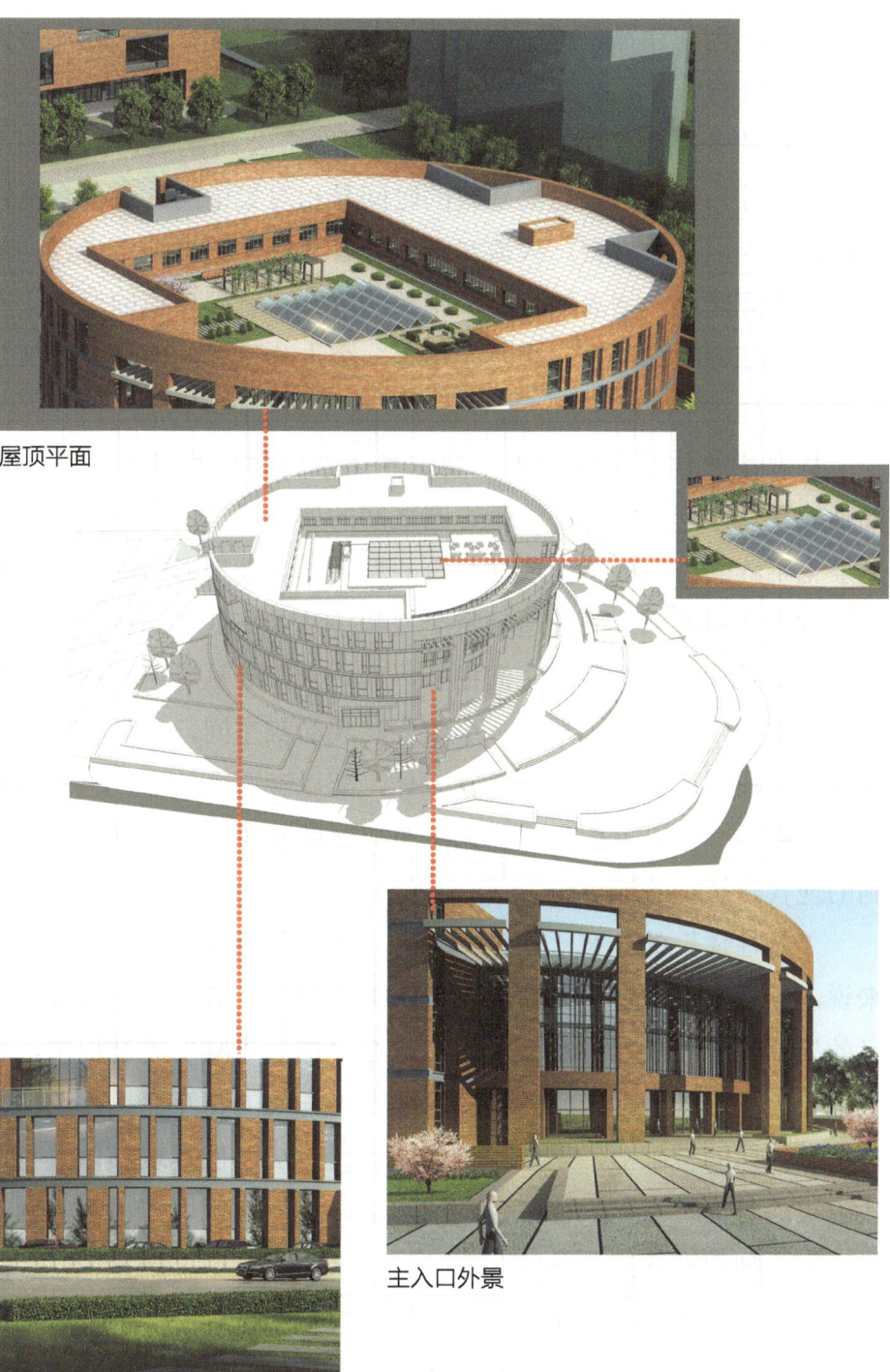

屋顶平面

墙体组合构图

主入口外景

建 筑 论 坛

学校建筑的创作精品，但大学食堂却鲜有佳作。因此，大连海事大学中心食堂的出现，令我一震就不足为怪了。

学校的公共建筑显然不同于一般的城市公共建筑，例如图书馆、食堂等，学生出入这类建筑的时间是相对集中的。大学食堂短时间会涌入上千人进餐，人流对于设计者而言，会增加不少设计难点，如人流交通、物流的进出、生熟的分开、就餐环境的营造、不同层次就餐者的分配等。当然，还有一个十分重要的课题，那就是造型的创作。

从邹威的作品可以看出，他选用了圆柱体作为基本母体，内部功能又以方形为主体，这种方圆之间的处理手法，在这几十年间是屡见不鲜的，所以造型成功与否要看设计者处理形体的水平，以及透过内部和外部空间营造独特个性和手法的高低。邹威在圆柱体上采取了减法进行个性的空间挖补，其中入口处从一层到顶层都挖去，顶部以格栅虚置，形成一个较为壮观的灰空间，强调和丰富了入口。又在顶层去掉一层高的立方体，配以三四个缺口，组成有情趣又实用的"第五立面"。作为一个年轻的建筑师，能做出如此老到的现代建筑，难能可贵。

"圆柱体"的高宽比约为1：3.2。经验告诉我们，对于圆柱体来说，处理不好在视觉上就会形成压抑的感觉，甚至产生笨拙的不良效果。设计者显然注意到了这点，在"加""减"的过程中，大大地减少了这种不适之感。同时，通过虚与实的交互穿插，墙体洞口在有韵律的基础上，采取了构成的设计手法，使建筑形体具有现代建筑的时尚特点；一律红色的清水墙，使得建筑块体不落俗套，显现出一种难得的文化品位。

时下，扎哈·哈迪德的动态设计之风席卷全球，连国内很多不懂行的也在那里喊叫"一看就像外国人设计的建筑"，使我们不知所从。我也在钻研这种新潮的东西，也想尝试一把。但是冷静下来，反思建筑界历程，总觉得被称"回归自然"的种种夸张的、随意驰骋的手法会不会是历史上的某种闹剧？犹如昙花一现的幻影？像流行歌曲那样闪一下就没了？邹威选择了经典的现代设计手法，在校园建筑中无疑是正确的。

邹威来院工作时间并不长，然而他通过努力、勤奋向上的心态、诚实的学习态度获得了长足的进步。作为一个成熟的建筑师，应该保持清醒的头脑，在实践中要区别于那种急功近利、混杂着低俗的审美者，也要区别于一些腰包揣着万贯而透着浅薄的苍白者。希望有为的青年学者，学会对世界上的建筑艺术进行更深层次的理解，用心、用情去创作，用你们自己的作品，留下时代的印记。作为你们的长辈和朋友，我会时刻关注着你们，静候你们送来的佳音。

作为一个公司的成员，我们需要提倡一种实干的精神，一切成果、一切荣誉都要靠自己的双手去进行富有意义的劳动取得，这样才能有一种成就感和充实感。相反，如果只想走不正当的"捷径"，怀有过于浮躁的心理，那只会是欲速而不达。邹威以及我院的一些有为者，为大家作出了榜样，值得我们学习。

西安世界园艺博览会行纪

2011年5月，我应陕西分院邀请去了西安，帮助做两个项目。在西安的一周，我抽了一个周日去了一趟世界园艺博览会（以下简称"世园会"）。这是继上海世博会之后，我国承办的又一大型博览会。西安为此倾注了大量的人力和物力，承办了一个出色的世园会。

会址选在西安城区东郊，北到渭河，南到绕城高速，包括浐、灞两河四岸的南北向带状区域，总面积129km^2。此地亦将成为西安拥有最佳人居、创业环境的新城区。世园会就设在浐灞生态区广运潭景区，规划面积418hm^2，水域188hm^2。

西安世园会设置了9个大师园和10个大学园，包括来自中国、美国、英国、德国、荷兰等国家的世界级景观园艺大师和著名园艺学院教授的作品，蔚为大观矣。

灞河原来不像现在所见这么宽大深远，应是为了世园会的水景，特意新修了一个拦河大坝，使景区形成了一个奇大无比的湖。

进园之后的第一印象是一座由钢筋混凝土制作的桥，不锈钢管做成的支架上面布置了丰富的植物，钢管组合体现出结构美，名称很吉利，称为"广运门"。桥的前后种满了各色的花卉，分块呈不规则状。我们见惯了几何图案的绿化布局，在近距离观看这种异型块时，觉得有些不知其所以然。看看规划图，才明白设计者的匠心，原来是带有哈迪德的情趣。我就想到了大型总图规划的创意与近人尺度给人感受的区别，近人尺度为60～70m的范围，如果不是在直升机上或站在高处，是很难体会整体美感的，设计者往往忽略了这一点。

沿着游览路线向南，远远地看见一幢现代建筑，那是创意馆。创意馆也是哈迪德风格，出自英国美女设计师、"景观都市主义"领军人物、英国普拉斯马（Plasma）公司首席设计师伊娃（Eva Jificna）之手。世园会四大标志性建筑中的广运门、自然馆也都是她的杰作。创意馆由三个不规则几何体组成，呈"王"字形。青铜、石材和种植屋面等不同的材质，在一系列折线的组合中，构成一个不规则的多面体，灰白色的花岗岩与褐色的青铜和玻璃形成强烈的对比，具有震撼的效果。笔者正值对多面体的学习中，所以看得较为仔细，而且受益匪浅。因为时间的关系，另外，园中也未对我开"绿灯"，内部未能参观，很是遗憾。

沿湖边继续往南，会为一个偌大的人工湖所惊叹。由于是人工挖成的，湖水取自灞河，所以可以完全按照设计者的意图施工，所谓"聚土为山，捎沟为池"，整个设计显得风采十足。以中国理水手法，水系在各小岛和陆地自由穿插流动，加上无数小桥的连接，形成庞大的、有趣的参观线路。西侧设有亚洲、欧洲参展路线。

继而往东，就是张锦秋院士创作的长安塔，或称玲珑塔。塔身建在入口的中轴线上，是园内制高点。塔平面呈方形，保持了隋唐时期方形古塔的九宫格神韵。塔高七层，采用钢、铝、玻璃制作，轻巧通透，是明显的中国风格。

长安塔的西侧，是伊娃的又一作品——自然馆。自然馆仍采用多面体组合的设计手法，平面呈U字形，半埋于土中。建筑沿山坡高低而起伏有致，反映了城市与自然和谐共生的世园会理念。多个大小不同的三角形玻璃面组成复杂的由折线形成的多面体，哈迪德的风格犹存。此馆以展出各国花卉为主题，遗憾的是我只看了建筑，没有时间欣赏那么多的奇花异草。

沿着参观路线继续向东，经曲桥进入英国、法国、意大利、西班牙的小巧精致的庭园，到欧洲风情小广场才得以休息用餐。此时已近黄昏，陪同我的小青年已"无力恋战"，而我还兴致未尽，希望下次还有机会骑园内自行车再走一趟。

回头看看已走过的路程，沿湖绕了一个大圈，圈内的小岛与水系相互映衬，同时又呈现出功能的分区，可见规划者的水平不凡。整体风格具有中国园林设计的风范，通过洒脱不羁的设计手法，可以见到"以情悟景，以情看物"的儒家思想；同时又融合了西方最新的园林设计理念，两者配合得十分得体。规划手法是松动四周，紧缩中央，充分突出了水院的特色，应是大型园林规划的典范，值得学习和借鉴。希望对环境、总平面图以及建筑方案设计有兴趣者前去参观、学习，一同交流心得。

玲珑塔

世博归来

上海世博会于2010年5月10日正式开放,至今已近半年的时间了。上海世博会占地5.2km²,超过100个国家参展,是目前为止规模最大的世博会。每天30万~50万人的参观人数为世人所瞩目,创下了世界纪录。这是世博会首次在中国举办,国人第一次能在世博会集中了解世界如此多的国家,这种新奇足够引发"参观热"了。

我们再度审视上海世博会举办的主题思想"城市让生活更美好",从中不难得出这样的结论:它是以城市美好的生活为命题,各国须在这样的前提下做展。可是世界上在建筑和城规这方面有成就的国家往往是一些先进的发达国家,对于大多数国家来说,在节能环保上的发展还显不足,所以多数借助多媒体来进行演示。而许多先进的国家所贡献出来的展馆建筑和环保上的成就,却给我们这些建筑设计者提供了大量的信息和具体的实物,给有心者一个意外的惊喜,看完后收获颇丰,比之于一般的参观者,我们这些建筑师算是"得天独厚"了。

英国馆由Heatherwick工作室设计,建筑师是托马斯·赫斯维克(Thomas Heatherwick)。这位老兄是学过工业设计和美术设计的,所以他一出手就是工艺品,其造型绝不雷同其他建筑师。6万根亚克力杆构成一个狮子头的表皮,每根杆长7.5m,每个端头镶颗种子,成为一座"种子圣殿"。由金属支架的混合结构穿插6万根

英国馆

光纤杆，套在铝制的杆件中。真多亏中国工人的智慧和水平，他们用电脑定位，将这6万根杆件高水平地做成建筑的表皮，结果虽新奇却有哗众之嫌，它表现的不是建筑而是工艺品的放大。这只能是个例，不可作为我们设计的方向。

德国馆在世博会的展馆中显得很有特点，建筑师Schmidhudert Kaind所设计的平面呈S形，其维护结构采用了双层构造，主结构外侧包裹着一层100mm厚的彩钢夹心板，起着保温隔热作用。夹心板外侧是一层开放的网络状膜，膜由PVC涂层和聚酯纤维基布复合而成的材料做成，软软地镶嵌在金属框上，它完全脱离了主体结构，而由次结构支撑，并组合成复杂的三维造型，起装饰、通风、遮阳的作用。网络状膜反射了一部分太阳辐射能，也为管线和设备提供了足够的安装空间。这是目前世界建筑界颇为时髦的表皮设计手法。

在世博会上，我们还见到意大利馆、捷克馆、西班牙馆、波兰馆等建筑的表皮设计，这些表皮的设计手法是属于"结构性表皮设计"，也就是说表皮即为结构，如"水立方""鸟巢"都属于此种类型。建筑中的结构是骨架，是整个建筑的支撑系统，而建筑的表皮是建筑外部围护界面的物质基础，换句话说，是建筑与环境之间的外在层面。以往在建筑学中，结构是重点，表皮是从属。在砖石结构和混合结构中，表皮和结构具有一致性。还有曾经风行一时的壳体结构，表皮甚至与结构共同受力。随着钢和钢筋混凝土等材料的广泛运用，结构支撑的能力越来越强，结构有时被建筑师表露出来，如法国蓬皮杜中心、中

丹麦馆

意大利馆

国"鸟巢"等。结构也可以隐蔽在外表皮之下，此时，建筑的表皮逐渐从建筑的支撑结构中独立出来，呈现出分离状。

在世博会上看到的许多建筑的表皮不仅脱离了结构体系，而且与内表皮组成双重表皮，外表皮起着纯装饰的作用，由于它不承担维护结构的任务，因此，设计起来可放手做艺术的展现，与当地文化结合也十分方便，于是我们才能看到五彩缤纷的造型。例如西班牙馆的外表皮是编织物组成的，据说是请大量的编织工人抢编出来的，编织既有西班牙的传统，同时也有中国的特色，可惜效果并不见佳，纺织物经日晒夜露容易褪色损坏，甚至在南方会霉变发黑，不是可用之材。又如俄罗斯馆，外表皮做成十足的俄罗斯风格，称之为"世界树之根"。我们也见到新材料，如意大利馆的半透明的水泥外墙（也许是抗菌陶瓷），还有利用软木装饰的葡萄牙馆，采用多孔铝塑板组成城市规划图案表皮的捷克馆等，这些新材料的设计都可以作为我们设计中的借鉴，以拓宽我们设计的视野。在世博会上我们看到了丰富多彩的建筑形式，有的展馆虽为临时性的，不久就会撤出，但也有不少精品。

（1）德国馆的设计手法属动态范畴，动态设计决不拘泥于已有的笛卡尔坐标体系，而是结合自然界的精素任意挥洒线条，在一个富于张力的平面上，德国人作出了多彩的外部和内部空间，将内外空间的穿插和借鉴运用得行云流水般熟练。同时，节点设计精确绝伦，以多角度刺激着人们的视觉神经。可惜在这里老年人不可以免排队，无缘深入内部欣赏，但我相信以德国人的智慧和严谨的工作作风，内部一定很精彩。

（2）意大利馆在方形的基础上有机地、艺术地将平面以斜线加以分割，谓之"人之墙"，外部空间的斜窗，与斜向分割的水系相映成趣，入口置于拐角处，标志性很强，内部空间大量采用斜墙布局，别有一番风味。

（3）丹麦馆由BIG建筑事务所设计，采用双螺旋构形。有趣的是设置了车行道和人行道，人们在旋转之中能看到建筑的内外景致，螺旋的中心部位将丹麦馆的国宝美人鱼原件运来，在空无一物的建筑空间内算是有了精彩的一笔。我去过丹麦，这里除了外部环境不是大海外，其余都是真家伙。

（4）万科馆由中国的多相工作室设计，采取五个圆台状的独立建筑组合而成，它的表皮是用多层麦秸秆压扁穿上钢筋，最终做成桶状的造型。所组合成的大厅，亦外亦内，很有味道，其外景水系有机地配合，不失为建筑精品。

准备留下的"一轴四馆"（指世博轴大道与两侧的中国馆、世博中心、演艺中心、主题馆）也十分精彩，中国馆在现代与传统的结合上，有其独到之处，其造型和气魄都能体现出当今中国的国际地位和影响力。我的青年朋友给我看过一张日本人的设计图，我也曾想推荐给中国馆的设计者何镜堂院士，不知道我的朋友何院士有

航天馆方案

否借鉴日本建筑师的创意，即使有所参考，中国馆的设计也是富有创新的。中国的建筑师在世博会的展馆设计中也有不凡之举，如前面提到的万科馆，还有改造利用的船舶馆等。我也曾为航天馆设计了一个方案，不怕大家笑话，我的设计如能成事实，将它置于世博会中，不知会是如何？

限于篇幅，还有许多好的场馆这里就不一一列举。

世博会参观回来，久久不得平静，有收获也有遗憾，对比那些优秀的设计，觉得我要努力的空间还非常大，好在身体算好，活到老学到老吧，并以此与同仁共勉。

适老住宅设计
——以禧世秀缘方案为例

我国家庭关系的传统模式以父权和夫权为主要特征，是一种受儒家思想影响的封建型家庭关系，长辈有绝对的权利，男尊女卑。家庭的结构是以三世或者四世同堂为荣，有钱有权的家庭多以大型甚至是超大型的院落集聚在一起，这种状态一直持续到中华人民共和国成立前夕。当然，这种家庭结构只是存在于达官贵族的少数家庭，而大多数则是核心家庭的形式。

中华人民共和国成立之后，到改革开放的20世纪80年代，我国的家庭关系的走向依旧是父母保持家庭决策人的地位，传统的家长制仍然在家庭关系中起到主要作用，新中国强调的养老扶幼、尊老致贤的优良社会风气逐渐形成。

20世纪80年代开始，那种封建的家庭关系逐渐减弱，随着只生一孩的人口政策落实，家庭关系变成"子女优先"，子女成了"小太阳"，这种围着"太阳"转的家庭观念左右着我国的家庭关系，同时家庭的结构也产生相应的变化。

据有关专家分析，我国家庭结构变动状况可分为三种状态：

1. 相对稳定的家庭

三代直系家庭为主，即父母加已婚子女和孙辈三代同堂。不同于封建时期的严格，城镇三代家庭的维系呈相对松弛的管理状态，使得这一形式得以延续。新加坡总理李光耀在1981年春节提倡建立中国式三代同堂家庭，鼓励已婚子女和父母同居以方便赡养。

2. 明显增多的家庭

独生子女政策施行以来，以夫妇为核心的家庭增多，这是中国社会转型阶段的特殊现象，产生这种类型的家庭，与青年人晚婚和老年人寿命延长、老年人丧偶逐年增多有着直接的因果关系。

3. 结构变化的家庭

这种类型的家庭主要表现在缺损核心家庭逐渐减少，标准核心家庭及所谓的几代同堂的联合家庭比例逐年下降，这是以夫妇为核心的家庭增多所致。子女婚后搬出父母的家，这种属于家庭内部调整，结果是一些家庭类型将有变动。家庭结构将简化，规模也相应缩小，使家庭功能及家庭成员关系发生改变，从而会影响整个社会。

综上所述，家庭又可分为四种类型：

（1）核心家庭：有父母和未婚子女，仅有夫妻的家庭也称核心家庭；

（2）主干家庭：父母和一对已婚子女的家庭；

（3）联合家庭：父母和多对已婚子女组成的家庭，如果已婚子女在父母去世后仍不分家，也属此例；

（4）其他家庭：单亲家庭、丁克家庭、空巢老人家庭、重组家庭、残缺家庭（由未婚子女组成的，残缺父母或残缺一方的家庭）。

下面以近年来为内蒙古老人社区设计的几种老人住宅为例，探索老人住宅设计。

1. 合居式老人住宅方案

此类住宅设计是针对上述之核心家庭而作，核心家庭中夫妇带

有1个或2个子女,或只有夫妻二人,子女未成年直到独立成家之前的老人住宅类型,其主要特点有:

(1)有意将子女居室置于尽端,与老人居室相距两个卫生间的距离,保证了子女与老人各自的私密性。

(2)考虑到老人有可能行动不便,要依靠轮椅行动,本设计均在老人活动的范围内留有直径1.5m的轮椅和担架自如转动的空间,包括电楼梯的入户空间,楼梯的休息平台,厨房、客厅、卧室、卫生间以及从阳光室入阳台的通道,等等。

(3)为老人方便考虑而进行的有关细节设计,例如从电楼梯间开始均设有扶手,卫生间设有呼叫设备、扶手(包括水平和垂直扶手)。

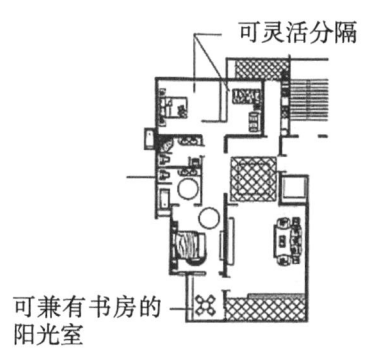

未婚子女合居式老人住宅

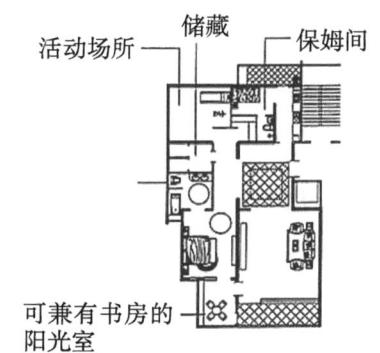

几十年后子女结婚搬走,老人住房改动

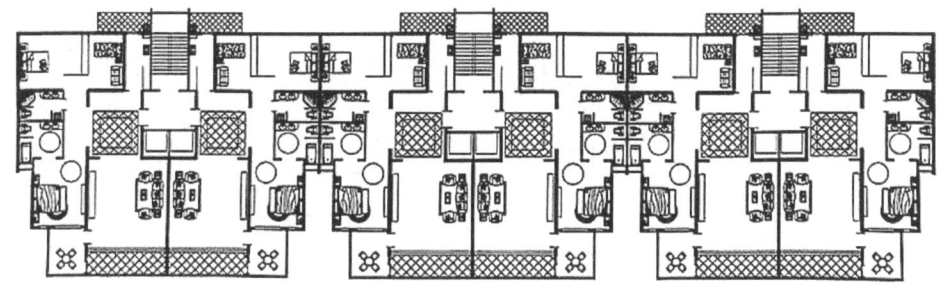

合居式老人住宅方案

（4）寒冷地区的阳台宽度设计有意扩至2.4m，并将其分隔成由玻璃围合而成的阳光室和露天的花园式阳台，老人无论冬、夏均有接触自然和阳光的活动空间。

（5）可以灵活变更使用空间。本方案子女间为较大的灵活空间，当子女长大结婚后搬走，此时老人年岁已高，可将子女卧室改为书房和室内活动健身空间。

2. 同层邻居式老人住宅方案

中国的家庭逐渐简化和缩小是必然的趋势，许多家庭的子女希望能方便地照顾老人，同时希望与老人有所分隔，这是中国的代际与婆媳之间的复杂关系所致。于是，就有了本方案的构思——既分且合的设想，适用于主干家庭的类型，其特点是：

（1）老人与已婚子女分别住在两套独立且相邻的住宅中，每

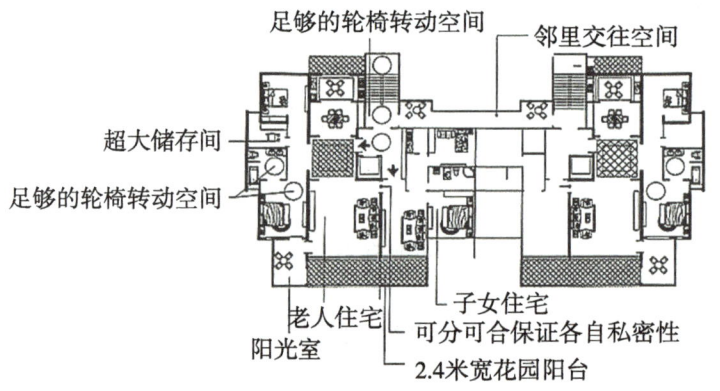

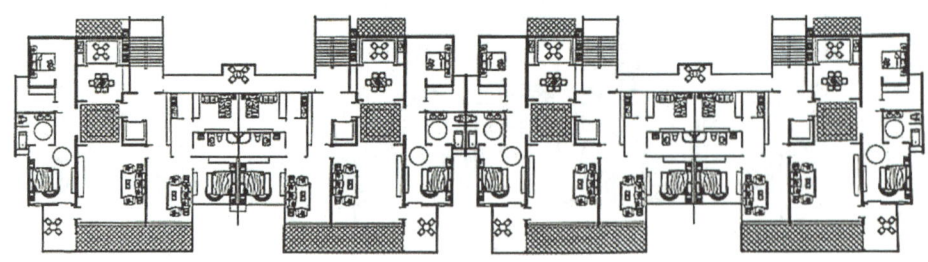

同层邻居式老人住宅方案

套住宅均设独立功能用房，包括厨、卫、起居室、卧室等，两起居室有门相通，封门则成两套完整独立的居住空间，开门则相通，便于老人与子女相互照应。

（2）每两户人家组成一个单元，利用两楼梯之间的空间设邻里交往空间，既能使两户人家有和睦的联系，又能满足消防的要求。

（3）设有超大型阳台，并在阳台一端设阳光室，可在此饮茶闲谈。

（4）从南阳台向北依次是起居室、过渡方厅、餐厅、厨房兼早餐厅，最后达服务阳台，组成富有情趣的序列空间，为老人和已婚子女提供一幢舒适、温馨、实用的居所。

3. 分层邻居式老人住宅方案

此方案的设计理念，仍采用老人与子女住宅之间既分且合的方式，与同层邻居式不同的是，本方案是一楼一底的分层邻居式。其特点是：

（1）老人所需要的一切，与上述合居式老人住宅方案同，本方案采用别墅式的布局。除公用交通外，内设上下联系之内部楼梯，子女与老人可通过此楼梯相互照应，同时老人与子女的住宅是独门独户，互不干扰。

（2）由于布局是一楼一底的方式，因此，底层超大的阳台可以设成两层楼高，通过阳台使上下层空间流通，同时为居住者带来别墅式的享受。

（3）子女住宅平面布局与老人住宅相同，只是卫生间可简化，各处的扶手可取消，当老人去世之后，子女也变老，而他们的子女也长大，此时上下搬动，仍是一个适老住宅设计，与中国人不愿频繁搬迁的观念一致，世世代代可延续居住下去。

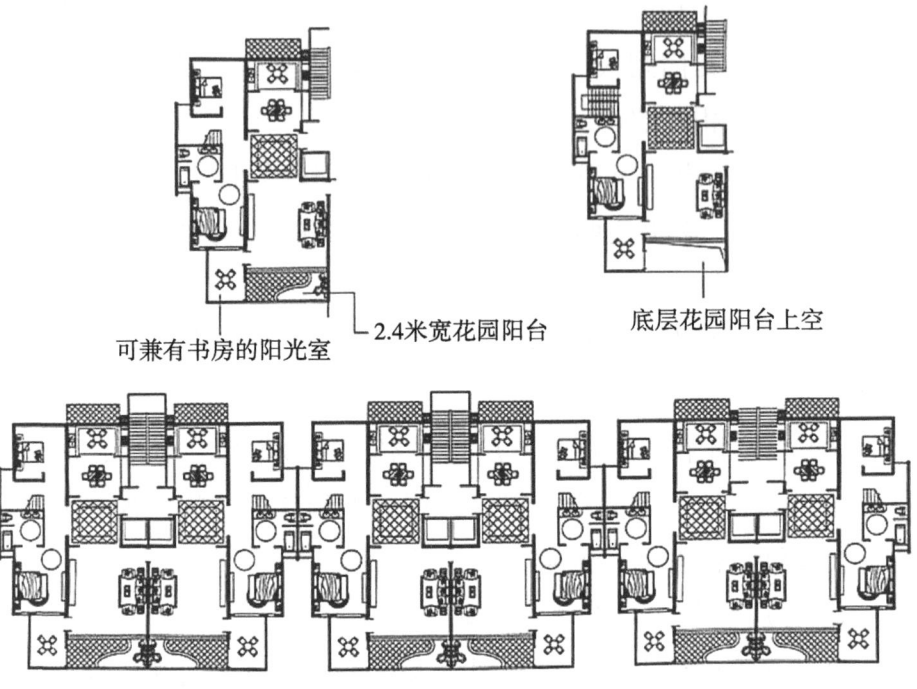

可兼有书房的阳光室　　2.4米宽花园阳台　　底层花园阳台上空

分层邻居式老人住宅方案

4. 豪华型合居老人住宅方案

此方案可满足老人与已婚子女合居的形式，适用于联合家庭。根据相关统计，这种类型的家庭日趋减少，但仍有一部分家庭愿意保留这种传统。特别是老人经济实力较强的时候，这种类型的家庭就更有存在下去的可能。此方案含多层带电梯，其设计特点是：

（1）老人起居室配套布置豪华卫生间、进入式更衣间、书房和阳光茶室。未婚子女卧室位于老人起居室之东南侧，以减少对老人的干扰，另一间已婚子女卧室置于北端尽头，相对独立。

（2）备有大型厨房和可以满足全家进餐需求的餐厅，当卧室不够时，可缩小餐厅改成一间小孩卧室。

（3）有宽大服务阳台，从阳台可进入保姆间。

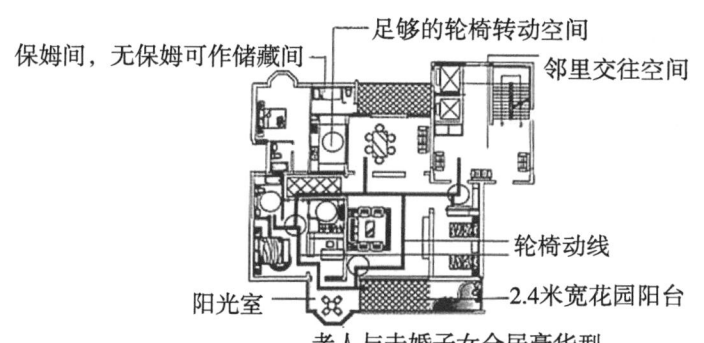

老人与未婚子女合居豪华型

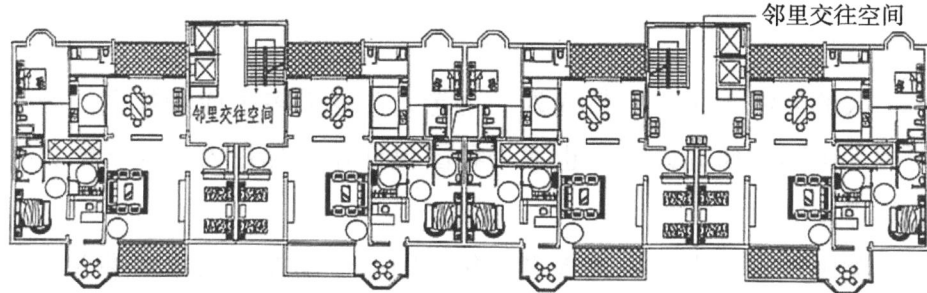

豪华型合居老人住宅方案

（4）加大电楼梯等室，形成邻里的交往空间。

（5）超大阳台宽2.4m，布置有水池、叠石、花草和铺地，为全家提供优美的休憩场所。

综上所述，以家庭的组成为基准，探索适老住宅的类型，是当今建筑设计以及有关养老的各部门必须面对的问题。据预测，至2025年每4人中就有一位老人，比例大得惊人，而在各类养老的设施中，居家养老必然是老人的首选，将不符合养老要求的老房子转换成适老住宅，也将是未来适老住宅设计主要发展的方向。我希望在不断的实践中不断完善，以此来迎接越来越多的老人，使他们有个幸福的晚年。

阅读感悟
——读医养建筑

人的年纪大了，自然成为一个老人，老人多了成为社会问题进而成为国际的研究课题，也成为我国包括建筑师在内的人士所关注的热点。

英国是国际上最先进入老龄化的国家，早在1930年就进入老龄化社会，并展开了有关养老问题的研究和探索。日本是世界上老龄化发展最快的国家，早在1961年颁布了《老人福祉法》《介护保险法》，老人没有经济负担，政府免费提供养老设施和周到的服务。发达国家的老人只要是经年工作的，属于先富后老的人群。应该说，他们大多数晚年是幸福的。我国从2011年开始关注老人问题，先后制定了《中国老龄事业发展"十二五"规划》（首先提出医养结合的问题）、《关于加快发展养老服务业的若干意见》《养老机构医务室护理站基本标准》《关于推进医疗卫生与养老服务相结合的指导意见》，2016年北京规划委员会和质量技术监督局联合制定了《社区养老服务设施设计标准》，等等。显然，老龄化问题已受到国家的高度重视。

据统计，至2015年我国60岁以上人口为2.22亿人，占总人口的16.1%，占全球老人的1/4，其中80%以上患有慢性疾病，老年痴呆症患者达7.8%，失能老人近4000万人，占老年人口的20%；80

岁以上老人近2400万，并呈每年1000万人增长的态势，是世界上唯一超过1亿老年人口的国家。与先进国家不同的是，中国绝大多数老人属于未富已老的人群，摆在国人面前的老人医养问题也就相当严峻。

何谓老龄人，不同时期，不同国家有不同定义。

1900年桑德巴（Sundbarg）在《人口年龄分类和死亡率研究》中将50岁作为老年年龄的下限，19世纪生活水平和医疗水平都很低下，中国人活到70岁更是"古来稀"了。随着社会的发展，生活水平和医疗技术的提高，人们的寿命显著延长。1956年联合国发表《人口老化及其社会经济后果》，将65岁定义为老年年龄的下限。1982年在维也纳召开的"世界老龄问题大会"又将老年年龄下限定义为60岁，因为65岁是根据发达国家人均寿命的情况而定的，但当时发展中国家人均寿命普遍较短，于是将65岁改为60岁。生活水平较高和医学科技发达的国家，如日本，拟将老年年龄下限定义为75岁，而65～74岁则称之为"准老人"，我则命其名为"壮年后"，这样比较好听！

中国老人的基数十分庞大，如何将老人分类以利规划、设计和医护，各国都有不同分类法。世界卫生组织对老年人的界定有如下方面：

（1）年代年龄（不可改变的年龄）

指个体离开母体后在地球上生存的时间。

①西方：45～64岁称初老期，65～89岁为老年期，90岁及以上为老寿期；

②中国：45～59岁为初老期，60～79岁为老年期，80岁及以上为老寿期；

③国际公认的是45～59岁为中年人，60～74岁为年轻的老年

人，75岁及以上为老年人。

（2）生理年龄（可以改变的年龄，与年代年龄不同步）

指个体细胞、组织、器官、系统的生理状态。

①19岁及以前为生长发育期；

②20～39岁为成熟期；

③40～59岁为衰老期；

④60岁及以上为老年期。

（3）心理年龄（可以改变的年龄）

指以个体心理活动的程度来确定的个体年龄，是以意识和个性为主要内容。

①20～59岁为成熟期；

②60岁及以上为衰老期。

心理年龄与年代年龄不同步，60岁的人心理年龄可能只有40～50岁，甚至更低。

（4）社会年龄（可以改变的年龄）

是以个人在与其他人交往过程中扮演的角色的作用来确定的个体年龄，社会地位越高，起的作用越大，社会年龄越大。按此定义，老年期分四个年龄段：

①健康活跃期（60～64岁）；

②自立自理期（65～74岁），60～74岁为自理期；

③行动缓慢期（75～84岁）；

④照顾护理期（85岁及以上）。

其实这种分类是一个普遍的规律，但似乎有些不妥，74岁以下不能自理的大有人在，而不少75～84岁的老人十分健康，特别是生活水平和医疗水平不断提高的今天更是如此，所以这种分类不十分科学。如果按此标准安排不同类型的养老设施，必然引起混乱和部分老人的不满。

实际上,老年人身体机能改变快慢并不全遵循年龄。我国目前的老年人建筑设计规范将老年人分为自理老人、介助老人和介护老人,这"介"字是学了日本的称呼,直接称自理老人、助理老人和护理老人不更清楚明确些吗?而国际上是根据老人身体状况和健康程度将老年人划分为4个阶段(表1)。

表1　分阶段住宅适老化通用设计要点

	设计要点		老年人状态
第Ⅰ级	满足正常移动需求	第Ⅰ阶段	能够跑步,与普通人有相同的健康水平
第Ⅱ级	满足正常移动需求	第Ⅱ-1阶段	有容易被绊倒等衰老的症状,但步行不需借助工具
第Ⅲ级	满足正常移动需求,便于介助工具使用	第Ⅱ-2阶段	需要使用拐杖,但能够独立生活
第Ⅳ级	满足正常移动需求,便于介助工具使用,高龄生活空间尺度	第Ⅲ阶段	步行困难,但能自行使用轮椅活动
第Ⅴ级	满足正常移动需求,便于介助工具使用,高龄特殊空间尺度	第Ⅳ阶段	卧床或处于长期卧床状态

资料来源:刘东卫,贾丽,王姗姗. 居家养老模式下住宅适老化通用设计研究[J]. 建筑学报,2015,6(561):8.

其中,第Ⅰ和第Ⅱ阶段属自理类,第Ⅲ阶段属介助类,第Ⅳ阶段属介护类。

老年人的身体和心理决定了医养建筑的设计走向。近年来,我国的人口老龄化加快,也促使养老建筑快速发展。其中,由于开发商的介入,使得老年住宅小区和医养建筑大量兴建,如何建设新的住宅小区，已有的小区如何改造使其成为适老的小区，这是开发者和设计者面临的一个新课题。

一、旧有的小区需要作适老的改造

我国早已建成的住宅小区，大多没有完善的无障碍设计，比如多层住宅的楼梯间不便轮椅的进出，多层住宅未设电梯，功能房间和卫生间均不能满足担架和轮椅的出入，电气设计如插座、开关不能适应残疾人的需求，等等。而中国人的习性是非不得已是不会轻易举家搬迁的，小区的老年人逐年增多，而独生子女多在另一地区，于是出现了典型的空巢老人，有的慢性病缠身，有的甚至得了老年痴呆症，需要全方位的介护。旧有的小区显然不能满足今天的需求，这些老人如何安置？居家养老就成为急需。为了满足居家养老，尤其是多病老人的居家养老，小区应增设必要的老人活动空间和医疗服务的设施，办公人员和志愿者的工作空间，等等，有条件时可以办日间托老和备有10人左右的短期住宿养老服务。当旧有小区不具备新建活动房的条件时，可以利用现有建筑加以改造（见乐莲小屋改造效果图）。因此，新建小区规划和设计就应充分考虑和满足目前国内小区必然出现的人口老龄化的现实需求。

二、新建小区应是混合小区

目前，国内的开发商将住宅小区的开发向着养老方向发展，这是可喜的现象。不少养老居住小区的选址是在远离城市的郊区或风景点，而且专为60岁以上老人服务，这样做并不符合老人的心理，特别是较为健康的老人，他们不仅能自理，而且还很有活力，如果

乐莲小屋改造效果图

要这一部分老人生活在满眼都是古稀之年，尤其是身体欠佳的老人群体中，会引发不安的心理。健康的老人也迫切希望多接近健康的，最好是年轻的男女，也希望能见到年幼的孩子，以此调节心理使自己舒畅起来。

混合小区应设一般的商品住宅，也要有适老的住宅。中国的老人还有一种不愿离开居住已久的地方的怀旧心理，所以小区中的长者哪怕年岁渐长，也不愿意搬至外地养老。因此，新建小区内必须配置有一定的医养设施，为小区老人提供休闲、简单的医疗服务，最好具有日托和短期居住的设施。

自从提倡独生子女政策以来，中国家庭的组成不少是"4-2-1"的结构，即4位老人，1对夫妻，1个孩子，四代同堂的情况已不是主流，中国家庭规模趋向小型化，子女赡养功能逐渐弱化。据统计，至2000年3人户占全国家庭的27.9%，6至8人户占10%，8人户占2.1%。有能力的子女多不愿与老人同居，于是空巢老人逐渐增多，儿女照顾不到,就要依靠社区的服务力量。当老人中有智障者的时候,就需要有短期托付或短期住宿的条件,所以新建小区的"混合"就应适应不同年龄段、不同健康状况的人群。

如果较大的小区内设有幼儿园,最好把老人活动小屋设在其附近,小孩定期与老人互动,双方受益。近来,出现了一个很有创意的设计,赵建萍在《一老一小,养老院和幼儿园开在一起会发生什么?》一文中提到一个五分钟的纪录片《现在完成时》:一个养老院同时也是一个幼儿园,这种不同年龄不同辈分的老人和小孩聚集在一幢楼内,在人生重叠的时间内,老人得到了愉悦,而且"重新发现自我价值",而孩子也从老人那里获得了"无条件付出的爱"。其实这并不是虚构的,美国已有500个以上这样的设施,日本、德国、加拿大也有类似的设施。当然,许多老人都有慢性病,为了孩子的健康,两者之间应隔开一段距离,定期互访,这是一种值得提倡的养老形式。所以,在养老小区及其附近区域的设计中,加入幼儿园和小学的元素是一个不错的创意。

目前新建的养老社区,出于利益的考虑,多数是高层建筑,而每层一般由两户或四户组成,这种形式只能满足健康有自理能力的老人,中国人的习性是不得已才会搬迁,守在一个小区内,一住就是几十年,逐渐变老直至死亡。那么,他们在新建的高层养老住宅中老了之后,身居高层如何安度晚年?所以,在所谓混合小区内必须要为那些身居高层但已逐渐变老的,特别是失能的老人,设置短期托付和日间托老的设施,同时小区内应高中低住宅相结合,形成新的住宅小区的结构形式。

有的养老社区中设有老年医养高层公寓,每层设有护理站和餐厅,而服务的老人也就是十多位,这种设计存在的不足之处是服务人员在每栋高层之中人数众多,所需的公共服务空间太大,似不可取。如果平均4~5层设一服务站和多功能活动间，是否更为合理？

另外，建高层养老住宅不应是唯一选择，合理地提高建筑密度，只建多层养老住宅和公寓，同样能达到较高的容积率，而且更为合理，这是值得建筑师们加以研究的课题。

三、高端养老社区

近来，一些有为的企业家已关注到混合养老社区的建设，其中不乏有一定水平的案例，也有单位如泰康保险公司、万科公司等，在全国一线城市做了不少高端纯老人社区，一线的大城市用地紧张，所以项目一般都选择距城市中心半小时左右车程的范围内，且风景秀丽的景区附近，如武汉的楚园，设在武昌区著名风景胜地东湖风景区内，有1840户，面积达20万m^2；上海的申园，位于松山区佘山脚下，有2162户，面积达22万m^2，是超大型高端养老社区；北京的燕园，位于昌平区，规模更是了得，是可容纳3000户、面积达31万m^2的大型养老社区。泰康保险公司拟在杭州西湖大清谷风景区建泰康之家，是以多层为主的高端养老社区。近来，某房地产公司拟于内蒙古呼和浩特市市中心兴建更为庞大的养老社区，规划用地55万m^2，建筑面积在156万m^2以上，其中包括养老住宅41万余m^2以及医院、学校、幼儿园、商业中心、老年大学、办公楼等，是复合型养老社区。从设计资料可以看到，除了苏杭的高端养老社区以外，其余的养老社区的老人住宅均为20层以上的高层建筑。这点倒是符合目前的国情，人口众多，土地紧张，必然要在用地范围内增加容积率，是利润为先而不得已的举措。

开发者也在与时俱进，他们依据的理念是"CCRC"（Continuing Care Retirement Community），即可持续护理的养老社区。经查阅有关资料，翻译如下：

CCRC起源于美国教会组织，已有一百多年的历史，是一种复合式老年社区。社区分为若干个功能区，即①协助生活区，为居民穿衣洗澡、用药等日常护理；②专业护理区，为老人长期护理、慢性病康复进行专业护理；③记忆照护区，为有记忆障碍老人提供脑力健康保健服务，以延缓记忆能力丧失的速度，使老人更长期保持独立生活能力和认知能力。

从这些养老院的规划设计来看，高层养老住宅基本上是从单元楼房的设计改进而来，无障碍空间和无障碍卫生间设计的标准基本上针对65岁以上有一定活力而且能自理的老人。中国人受习惯和经济能力所限，一般不太可能在自己更老了之后再换一套房子，用以满足失能后的居住要求，而是会留在原来的地方。那么一旦出现紧急情况，服务者怎么能以最快的速度去抢救濒临死亡的老人呢？高层绝不是失能老人的天堂！

我建议，在以高层为主的养老社区里，必须为活动不便、失能的老人或不适合居家养老的人，设置低层的托老所。即使高层小区能做到这样，本人也不赞同高端养老社区的规划全部设计为高层，否则商人对高端小区宣传得天花乱坠，也难称高端（见泰康申园、北京燕园），销售也不会看好。

养老社区户型分析，以北京燕园户型为例：

（1）介助户型

这种户型针对能自理而且有一定活力的独居老人，轴线尺寸为4200mm×7500mm。由于面宽达4.2m，扣除1.5m宽的入口空间尚有2.7m的宽度，利用此空间作卫生间会是很舒适的。卫生间的门开向玄关，其南设有厨房，这样的布局使用不十分方便，建议改为：

①厕所门最好开向卧室，老人夜间进出方便，可将厨房设入玄

关处，门在凹槽处向外开；

②增设阳台；

③室内空间应满足担架和轮椅的出入方便；

④卫生间设呼叫拉绳和手扶设备。

这种户型是从酒店式公寓发展而来的。

（2）独立生活户型（小一室一厅）

这种64m²的户型，是设计者在原30m²户型设计基础上发展而来的，除了尺度按上一户型修改外，厨房应与衣柜互换，取消客厅与卧室之间的隔断，餐桌的位置妨碍轮椅和担架，应做一活动餐桌与衣柜统一设计。

如果同样的64m²另作设计，会比此方案要舒适得多。本人试作修改，加上阳台后，共53m²的建筑面积已经不错了；如果不设阳台，48m²的建筑面积会比较经济。

（3）专业护理型

这是考虑得很周全的设计，平面4200mm×7500mm，入口采用子母门，便于抢救的担架和设备出入，设专业护理床，床的周围空间充足，墙上可布置抢救所需的电插座及呼叫设备、吸引器等。不另设厨房，房间简洁实用，卫生间门开向卧室，采用上吊推拉门，无门槛。此间可不设阳台。

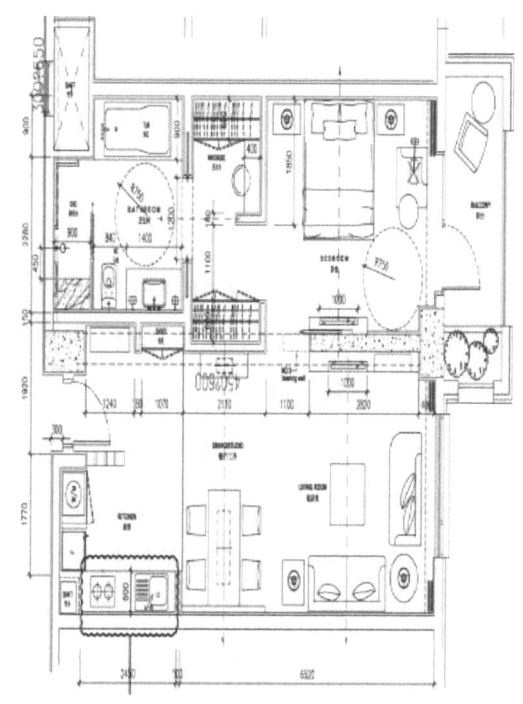

独立生活户型：大一室一厅（121m²）

（4）独立生活户型（大一室一厅）

此户型建筑面积为121m²，大约是受到结构的影响，客厅中部设有剪力墙，给设计和使用带来不利的因素。对于有一定经济实力的老人来说，大一室一厅或大二室一厅是最为理想的户型。这是由于没有孩子在身边，两老独立居住，居室不必多，最多两室即可，人老了毛病就多了，如打呼噜、长期咳嗽、不断上厕所等，互相影响较大，最好分开两个卧室睡，共用一个卫生间。75岁以上，独居老人较多，大一室一厅最为理想。

个人认为，面积控制在90～120m²，设大客厅、大卫生间、大阳台、小卧室，并设有采用电磁炉和微波炉的简易厨房，其余设施均按老年公寓要求配备，对于有一定经济基础的老人来说是理想的居所。

社区户室安排，应以标准一居室、大一居室和两居室为主，因子女多数不与父母住在一起，三居室以上可少量设置。为了方便照顾老人，子女可在混合社区内买房另住，这种分配方式可能是当今的潮流。

（5）独立生活户型（两室一厅）

这种户型很有意思，它可以是一对老年夫妇分开居室，各自独立休息，每套房均设相同规格的卫生间，共用起居室和厨房；也可以两户的老人独立居住，但厨房和起居室公用，这种平面布局是有创意的。面积达181m²，两户平均有90余m²，用此面积做成独门独户是否更舒适些呢？如果是一户使用，那么同样的面积可以做成一套别墅式的高档养老居所了，是值得推敲的户型。

总的来说，高端养老社区做得越来越走样了，有的发展商打着养老旗号，实际是在圈地，象征性地建一些养老住宅，实则做房地产生意，这种奇怪的现象都是在非法交易中出现的，决不在本文探讨之列。

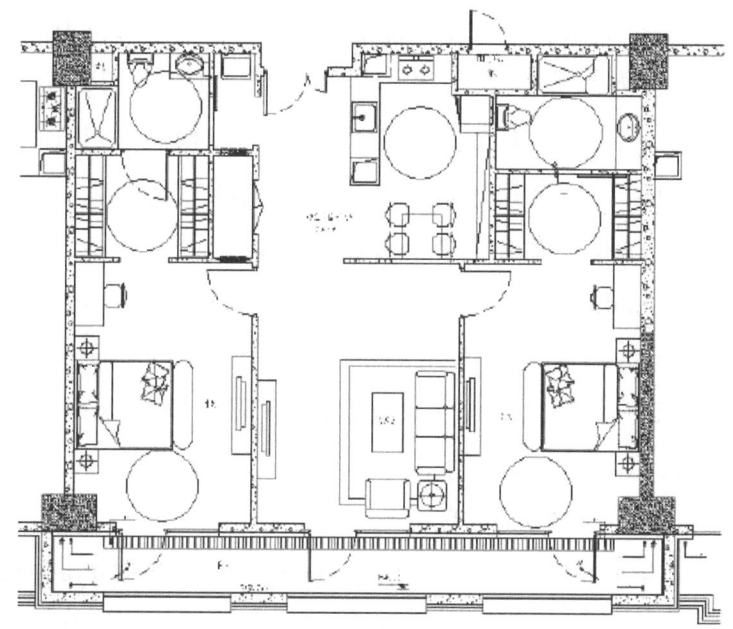

独立生活户型：两室一厅（181m²）

四、居家养老单体的设计和改建

居家养老的人数在各国均占老年人口的90%以上，即使是福利较高的美国以及丹麦、瑞典等北欧国家，在"生死全包"的情况下，老人仍然选择居家养老，这是因为在养老院里，老人只能看见与他一样甚至身体条件比他还差的老人，感觉并不痛快，而且老人在恋旧心理影响下，不愿离开已熟悉的居家环境，所以，为了适应人会变老而建筑不变的实际情况，老旧的住宅改建势在必行。

老式住宅存在的问题：

（1）楼梯间的设计，规范规定踏步净宽不能小于1.1m，往往我们设计的休息平台一般不大于1.2m，无法满足担架和轮椅自由通行的需求。与此同时，有的国家则规定楼梯间必须设避难空间，其尺度宽度甚至要求达18m以上（能停2辆轮椅，深度达2.1m）。

（2）中国人限于收入不足和以往经济型住宅的提倡，卧室和客厅尺度较小，居室和客厅没有留出担架和轮椅的转动空间，不便担架和轮椅的运行，家具布置也妨碍抢救时轮椅转动。因此，改造时需要在主卧室床边腾出不小于1.5m的空间。

（3）卫生间缺乏适合老人起身时必要的扶手，淋浴设施也较落后，缺乏行动不便的老人坐浴的设备，化妆台不便坐轮椅者使用。在不少家庭小型化的今天，适当扩大卫生间成为可能，小3居可以改成2居，以扩大适老的空间。

（4）入户门应改为外开。

（5）旧有小区不具备养老服务设施，居家养老的同时，也应有老人活动场所，应有简单医疗服务设施。在高层小区内，可在楼间空地设置2层为老人服务建筑物，如"乐莲小屋"是本人为旧小区设计的单层老人服务中心，设有接待区、小卖部、理发店、医疗处、多功能厅、饮茶区等，使老人有归属感。也有小区建成商住楼的形式，可利用底层商场改造成老人服务中心。

五、养老院的设计

据统计，中国老人一半是空巢老人，数量有1亿之多，而且逐年以近1000万人的幅度上升，即使老人中90%是居家养老，目前也有千万老人可能要靠机构养老，于是各种性质的养老院应运而生。

一般养老院选址多在风景区、旅游胜地和城市郊区，也有一部分设在城市中心的。由于城市用地紧张和昂贵，这种养老院多为豪华型高层建筑，设置齐全，价格高，但环境不尽如人意。距城市较远的风景区虽适合疗养，但是，习惯了城市文明的老人，一旦远离了市区的一切，加之亲属不易探视，会容易产生孤独感，因此老人长期在此居住的意愿不高，此类养老院适合于季节性养老或短期度假式养老。

养老院设计主要的理念应遵循老人的心理和身体规律，不客气地说，我国许多风景点的养老院如旅游宾馆，长长的走廊将居室串接起来，功能分区过于死板，老人活动的地方距居室较远，护理起来很不方便，其形式有：

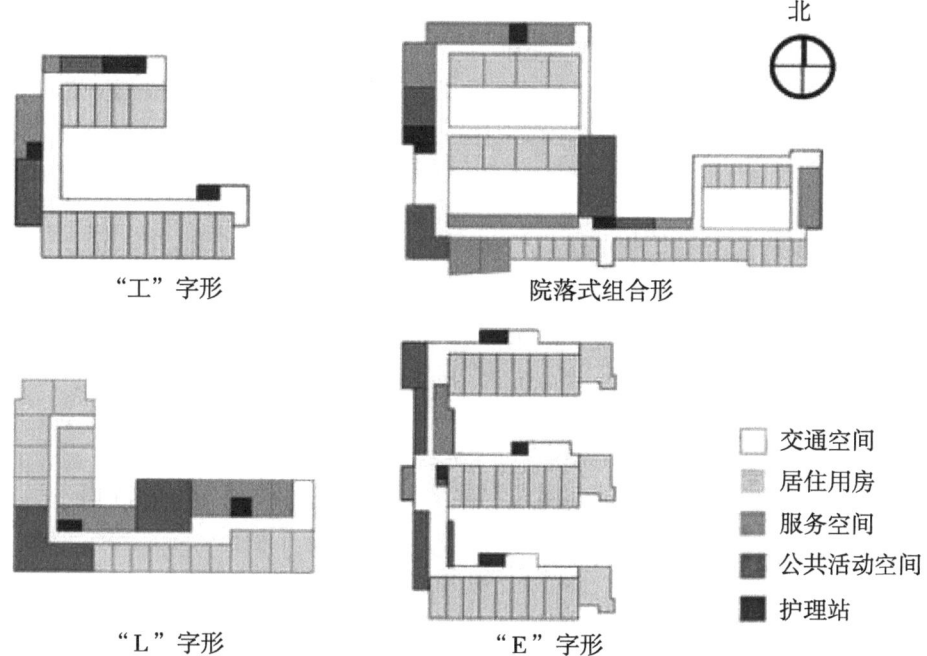

（1）"一"字形或折线形；
（2）"L"字形或"工"字形；
（3）"E"字形；
（4）"回"字形院落组合。

整个平面构思，走的是一般宾馆的老路，缺乏家庭式的温馨，也不便护理，空间组成缺失情趣。

中国

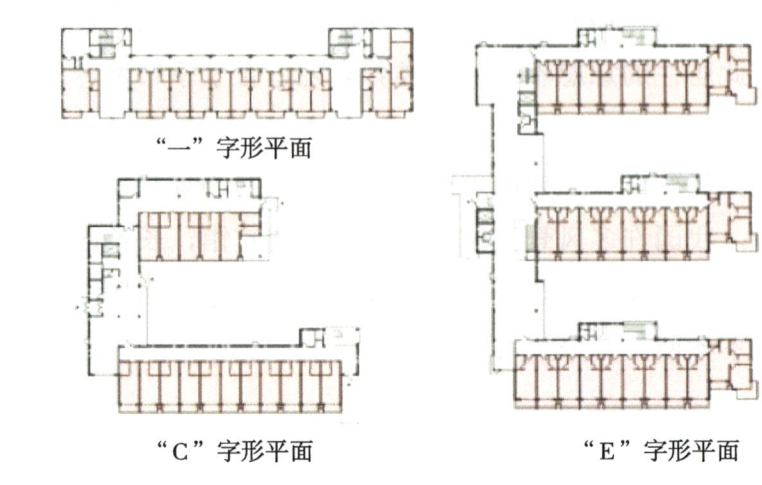

"一"字形平面

"C"字形平面　　　　　　　　"E"字形平面

日本

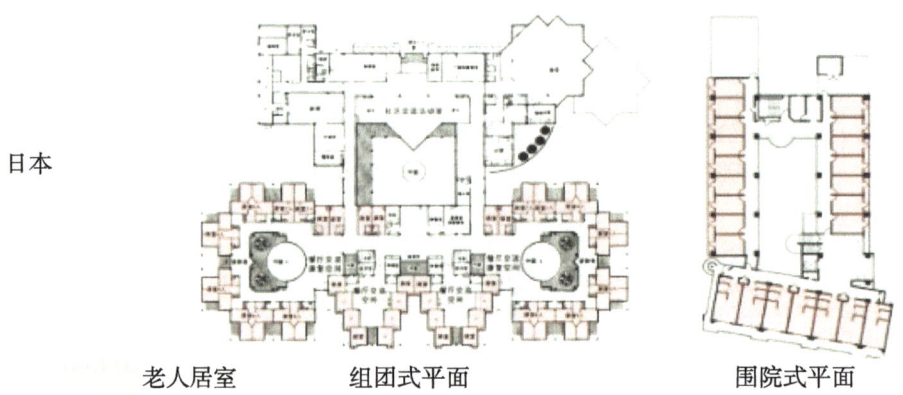

老人居室　　　组团式平面　　　　围院式平面

中国和日本养老院设计对比

　　目前，我国已建成的养老院，不少都是"一"字形或"一"字形的变形，一条长走廊将各功能用房串联起来，老人在这样的楼房生活，感觉如同进入宾馆，毫无亲切感可言。对于服务员来说，服务路线变长，对照顾老人十分不利。更严重的是，老人在遭遇火灾要逃生时容易因逃生路线长而错失最佳时机。

　　与中国的情况不同，日本养老院提倡组团式的设计。其优点是老人到活动空间和治疗室的距离短，护理监控方便、及时；组团后能形成有情趣的空间，可以用于休闲和交往，更能使护理人员与老人之间因接触机会增多而产生亲切感；地面层也易于设计有围合感的花园式院落。这种低层组合式的养老院无疑是发展的方向。

另外，当前养老院的规模是越做越大，有的床位数高达上千床。目前，就国外的经验，如日本、美国等在养老设施方面不主张规模太大，一般是控制在50床较为理想。我国国情不同，老人基数很大，可以扩大一些，个人认为控制在100～150床较好。

六、养老院的类型

我国的养老院名称和类型较为混乱，大体上可归纳为三大类：一是居家养老型，二是助理养老型，三是护理养老型。还有五花八门的分类：老年公寓、托老所、敬老院、安老院、养老院、福利院、护理院、护老院、护养院等，常出现概念不清、类别重复、名称混淆的情况，有的将养老院与养老住宅、养老公寓混为一谈，这三者比较确切的解释应是这样：

养老住宅是单元住宅，但户型考虑到老人的特点设计，如无障碍通道，卫生间的扶手、呼叫设备，以及担架的运转空间等。

养老公寓属公寓式养老住宅，具有餐饮、清洁卫生、文化娱乐、医疗保健服务体系，是综合管理的住宅类型，既体现居家养老，又能享受社会提供的各种服务，属于机构养老的范畴。

养老院主要是为老人提供集体住所，并有完整的服务设施，作为社会养老的形式之一，具备专业化的服务，文化娱乐，对生活、病痛的照料、护理，以及精神上对老人的关爱等，居住方式多为短期度假和疗养，也可以长期养老，这种养老类型包含多种独立特性。

在英国，会根据老人患病类型对护理院进行分类（表2）。

表2　英国针对不同类型老人的护理院

护理院类型	老人类型
阿尔茨海默病护理院	老年痴呆病人
残障老人护理院	残疾老人
智障老人护理院	失智老人
视觉障碍老人护理院	视觉障碍老人
学习障碍老人护理院	学习障碍老人
行动不便老人护理院	肢体功能障碍老人

资料来源：《建筑学报》2017年第3期。

这种专业的根据老人患病类型分类的养老院有它的优点，能将有关专家集中起来为患者医治，治疗效果当然比综合养老院更好，护理起来也十分方便和专业。但这暂不符合我国国情，房地产商的眼光是盯着大片地块，以经营商品房为主导，像这种精致小巧、实用的养老院还不是他们热衷的项目。我们的养老项目相较于国际上的发展总体滞后，国外今天所经历的，也许明天就会在我国大地上开花，一些新型的养老态势，值得我们关注：

（1）亲和居所。美国出现的一种人为组合的养老方式，他们让志同道合的人居住在一起，可以彼此照应，能谈到一起，心情会更好。

（2）"同居"养老。德国老人厌倦养老院里单调的生活，于是志趣相投者自愿组合在一起，形成"同居"的老年生活。此外，一些老人心态年轻，喜欢与年轻人"同居"，他们将自己的房子低价或免费提供给年轻人一起居住。当然前提是年轻人要承担部分照顾老人的义务，如陪老人聊天，打理花园，帮助购物等。如果老人出现危急状况也能及时被发现，送往医院救护，如此两全其美。

（3）抱团养老。志同道合的朋友相约等老了以后，一起搬到一个地方生活。条件允许的话，各家投资共同建造简易别墅，住在一起，饮茶、散步、旅行。这样，爱人在身边，朋友在一起，何乐而不为呢？

台湾有报道称，有12个家庭相约结伴一起住，老死时候葬在一起。他们共同的信念是"人世间最幸福的事情，莫过于和爱人，还有最好的朋友，一起慢慢变老"。他们从三十几岁开始准备，五十岁时就开始筹划行动，集资买地、建房，将理想付诸实践，他们的行动为养老产业增添了新的元素。

（4）旅居养老。这种形式的养老院一般在风景区，属度假式养老院或季节性养老院。在我国北方，取暖费较高，而这种旅居式养老院在冬季的收费只有暖气费的一半，所以老人都去住养老院，人满为患。老人在环境优雅的地方品味风景，享受舒适的居住条件，又可短期健康养生。资料显示，美国的佛罗里达，日本的福冈、北海道，韩国的济州岛，中国的海南、烟台等都是老年人乐意"迁徙"的目的地。

当然也有人跑到美国养老院去拉帮结伙，享受免费的养老，这种占美国纳税人便宜的做法，很是令人不解，令人反感。

综上所述，在风景区建立高端养老院是能满足有一定经济能力的老人长期或短期休养的一种养老形式，当亲人要探望时，也可以度假形式与老人共享优越的物质条件。同时作为机构养老的类型之一，也要冷静地分析地域是否有吸引老人的优势；方圆20km范围内能有多少的老人可能入住，其中经济条件较好的人员有多少；服务水平和医护条件能否满足小病养老院自己解决，大病能及时送往可靠的综合医院等。不可盲目发展，否则就如目前的美国一样，大量的养老院空置，这值得我们警惕。服务是养老院最重要的组成部分，当一位老者得到几句温柔体贴话语的关怀时，可以心情愉悦数日。可惜大多数养老院的护理人员是例行公事式地服务，犹如酒楼门厅人员的招呼"欢迎下次再来，慢走"一样，毫无情感可言！所以管理部门要为此设置培训机构和监督机构。

养老产业属于横向产业，其牵扯到的行业包括建筑、医疗、服务、教育、保险、旅游、信息等，是典型的人性化产业，关系着人类的健康和尊严，由于牵连到人性的关怀，许多方面很难量化和标准化，更多的是"规范"。

一个好的养老院具备完善的适老设施、周到的服务加上优美的地理环境，老人们哪怕是短时间地停留，仍然会有一种"来了不想走，走了还想来"的感慨。

三顾河南郑东新区纪事

建筑论坛

我和郑东新区的缘分始于2010年，当时在郑东新区的CBD地段上，拟建两幢大办公楼，我作为主要的评委参加了方案的评审。利用这次难得的机会，我才全面了解才华横溢的日本籍国际建筑大师黑川纪章先生，以及他在郑州的新作——郑东新区的规划及设计。

应该说，最早接触黑川纪章是在多年前，当时，黑川纪章与李宗泽先生合作设计由日本出资兴建的中日青年活动中心。李宗泽是北京建筑设计院的老总，也是长我两岁的华南理工大学校友，大约他不满黑川纪章独吞设计成果，请清华大学曾昭奋教授召集在京的专家学者、各大电视台和大报社记者，针对中日青年活动中心的设计召开学术研讨会。那目的很明确，就是希冀大家为国产建筑师撑腰，我有幸参加了研讨会。说心里话，那设计可能是以黑川纪章为主

郑东新区全景

与李宗泽合作设计的，在宾馆设计中李总作出了很大贡献，我也说黑川可能有点私心，在发布会上对李总不公。时隔三十多年，居然在郑州有机会续缘，可惜黑川纪章的身体已不行了，未能亲赴郑州。

　　郑州东区是黑川纪章严格按照他提倡的城市规划理念所设计的，他主张"共生"，即历史与未来共生，同质与异质文化共生，人与自然共生，人与技术共生等，他将城市与生命联系起来。从郑州东区的规划中得以体现：办公与居住混同在圆形用地之内，龙湖上建大型公共建筑，供居者、游者、办公者共享；环湖的所有建筑不分功能和等级，将公园、居住、商业和工业等城市中各功能要素融合，相互依存和补充，即他主张的"城市功能综合化"。

　　郑东新区由两个新CBD中心组合而成，形如"如意"。我第一次参加评审的对象是新CBD中心的两幢办公大楼，是黑川纪章三层向心布局的楼房中间的两幢，我发现形如同心圆的三层办公、居住的建筑用地，每一块都是3000m^{2}左右，在这么小的范围内要建50 000～60 000m^{2}的办公楼显然是不够的，设计起来困难会有很多，其中最难以解决的是地下停车问题。参赛者都是挖地三层，如

郑东新区中心景观

果扣除结构、中心交通筒和行车盘道之后，余下的可作停车的面积可想而知，小到每层最多只能停十来辆车。同样的理由，圆弧上的住宅基地很小，没有考虑老人小孩的休闲用地，如果要到中心绿化带休息则必须穿过沿环道设计的快速路，这显然是不合理的。我当即问有关规划部门和市领导，谁决定，谁应负责。当然，我也提出合理的建议，希望将各地段地下打通，以扩大地下停车数，也同时减少地下车库的出入口。

两年后再次去郑州评审郑东新区联系两个CBD的运河规划和设计时，龙湖的CBD已大体建成，迎接我的车居然被堵在宾馆附近的干道上半个多小时，我所预料的事情果然发生了，停车问题严重！我很生气地对评审负责人说，请王副市长也参加评审会！因为有人告诉我是王副市长决定的。后来才得知王副市长被"双规"了。

郑东新区的运河两岸的设计是由另一位日本籍的国际级建筑大师矶崎新负责设计的，原设计者黑川纪章此时已去世了。去世之前，他委托矶崎新接手设计，可惜与矶崎新也未能谋面，只是来了一位公司高层。当然，在评审会上我实事求是地对方案作出了中肯的评价，也提出改进意见，深受矶崎新赞赏。会后，我们作了深入的学术交流，我也表达了希望在运河的设计中进行合作，可惜，在他们回国后就杳无音信了。

第三次赴郑东新区评审的是十几万平方米的孵化楼，也在CBD中心龙湖边上，结果哈尔滨工业大学提供的方案中奖。此次评审虽然与黑川纪章无直接关系，却是完善他的规划作品中重要一笔。

三次赴郑州，三次都在郑东新区，对黑川纪章的设计有所了解。他主张的"共生"和"城市功能的综合化"观念，实际上是"新城市主义"所主张的有关概念。如新城市主义认为城市干道必须有人气，主张人行与车行适当混流，也就是"共生"，使城市干

郑东新区办公楼

道活化起来；又如打破功能严格分区的观念，几乎与黑川纪章的看法一致。黑川纪章还提出了独有的理论，如城市的"热寂"现象，"根茎的网状系统"和"子整体结构的城市观"等，体现出黑川纪章对城市环境的关切和总结，以及对城市结构的思考，是可敬的。他的设计自从建成以来，就引起学术界和媒体的诸多质疑，有些质疑本人不敢苟同。例如，关于城市的形式化问题。要不要形式化？形式化不同于形式主义。黑川纪章对郑东新区CBD中心的概念设计是由三层同形体同高度的围合方式组合，均是同心布局，一条运河将两个CBD串接成一个"如意"状。许多人指责这是形式化，建筑没有可识别性，一半的住宅不是南北向等。城市规划当然要形式，中国的西安、北京等城市是"棋盘式"格局，英国的伦敦，中国的大连、天津则是放射性的总体规划。别说是城市，就说一个住宅小区、一个校园的规划也是讲究形式和构成的，形式犹如中国的书法，是有"章法"一说的，书法中的大小、粗细、变形就像绘画和规划中的点、线、面一样，是有美学规律的。至于单体设计，作者只是提出概念规划，并不是要"巨大的方柱体向中心湖的标志塔膜拜"。从已建成的建筑群可以看到,单体设计严格按原设计,内圈统一高度80m,外圈高度控制在120m,但每幢外形和色彩并不雷同。作为一位成熟的建筑师是应该清楚概念规划只是起着控制、规范的作用,而不是最终结果。综观郑东新区整体,应该说黑川纪章的规划理念是有创新的,其设计是有形有规律又富于变化的设计,它除上述不足的地方之外,尚有不依郑州的实力和需求,只是按规划的构图、纯理想的构思,作了些不实际的设计,如超大的国际会展中心(22.7万m^2)、郑州会展宾馆(25万m^2)、河南艺术中心(5.5万m^2)等,他将郑州看成了上海、北京、广州、深圳了。对于只有一两百万人的小城市,这太超前了些。

城市规划是百年大计。随着城市化的发展,科技和艺术水平不断提高和更新,根本不可能如郑州有关专家所说的"以法律的形式确保郑东新区能够一张蓝图绘到底,服从规划,任何单位和个人都不能各行其是"。听起来就像外行却是高高在上的口气,与科学和学术无关!至于美国一家"商业内幕"网站公布的卫星图片称郑东新区是中国最大的鬼城,我当然不认同,任何超前的设计都会有后福。

本文不是对郑东新区作学术上的探讨,只是三赴郑东新区后的杂想。对于黑川纪章的为人和学识,我是十分欣赏和佩服的。据说当时他想竞选东京市的市长,可惜英年早逝。他热爱中国,热爱中国历史和文化,如果不是因为身体原因而无法成为东京市长的话,绝不会有买钓鱼岛的事发生,那中日关系可能是另外一篇章了。

本文作于2015年7月

西欧城市建设给我们的启示

1998年7月29日至8月25日，由当时建设部组团，我们一行16人前往西欧作建筑考查，其中全国各地区建筑大师、一级注册建筑师、高级工程师、教授共有15人。代表团先后考查了德国、荷兰、比利时、卢森堡、法国、摩纳哥、意大利七国，城市有柏林、科龙、巴黎、阿姆斯特丹、海牙、布鲁塞尔、卢森堡、里昂、摩纳哥、尼斯、威尼斯、佛罗伦萨、罗马、梵蒂冈等。

现按考查先后选其主要内容分述如下。

一、德国

7月31日上午，德国专家讲座内容：

1. 波茨坦广场

1990年，德国重新统一，希望重新修建波茨坦广场，以此来象征柏林和德国的新生。柏林墙拆除之后，广场南至Landwehr运河，北邻Tiergarten公园与两个大建筑（柏林爱乐音乐厅和国立图书馆），构成一个中心，可以说，这是当时欧洲最大的工地。该中心由三家大公司购去：奔驰公司、索尼公司和ABB公司。总体规划是1991年Hilmer竞赛中奖的方案，三家公司分别通过设计竞赛来完成自己买下的地方的设计。

波茨坦广场工地

奔驰公司设计方案的第一名由意大利著名建筑师Renzo Piano获得。Piano的设计位于中心之南端，距国家图书馆不远，外墙是由玻璃和陶砖做成。大厅的南侧和西侧有一道玻璃透气墙，带有一个百叶窗式的外表层和一个斜转窗口的内层，外表可自动开启，内层确保办公室的人可以从700mm宽的空腔中获得预热的空气来调节内部温度。大厅东侧，整个立面覆盖陶瓷构件，它为百叶窗提供了保护框架，与窗一起做成一层楼高的构制件。

沿Landwehr运河行驶，可看到北岸的科学中心、国立美术馆（Mies的作品），也可看到用混凝土和合金铝做成挠曲的交替变形的国家图书馆，再就是Piano设计的高21层高贵且优雅的奔驰大厦。

2. 德国小区规划的观念

德国新小区注重靠近水边，选温度适宜的地区，一改以往功能分区规划的概念，换之以人行可达的范围作为小区规模大小的标准，将居住、工作、购物安排在小区内解决。其好处是减少私人汽车活动，使空气不受污染；小区道路少，减少干道而节约土地和资金，也节省了时间，时间就是金钱。

生态小区的构想：以前是道路宽，停车场大。现在，小区充分利用太阳能源，而不是由供暖中心提供暖气和大变电站提供电源。

3. 太阳能的利用

德国建筑设计有几项原则：①太阳能供电，②太阳能供暖，③自然通风。

住宅设计从经济上、生态上考虑，不让很多的有害物质产生，如二氧化碳，一般通过技术处理减少1/2的排放量。经阳光收集器采用太阳能发电而达到电器照明和供暖的目的，其专用设备尚未考查。而自然通风在今后住宅的设计中将是目标和趋势。

对比德国，我国的能源浪费惊人（表1）。

表1 我国部分地区与欧美地区供暖用煤标准对比

地区	用煤标准	室内温度
北京地区	采暖能折合标准煤25 kg/（$m^2 \cdot a$）	18℃
沈阳地区	采暖能折合标准煤35 kg/（$m^2 \cdot a$）	13～14℃
哈尔滨地区	采暖能折合标准煤45 kg/（$m^2 \cdot a$）	
欧美地区	采暖能折合标准煤24 kg/（$m^2 \cdot a$）	20～22℃

所以我国目前是高能耗却低质量的热环境。据资料，我国当时的综合能耗是欧美的3倍。德国专家批评说中国建筑师不懂建筑物理。

4. 科隆教堂与路德维希博物馆以及圣马修教堂与密斯的国立美术馆

（1）科隆教堂是科隆市古老的哥德式教堂，而在科隆教堂与莱茵河之间的于1986年建成的路德维希博物馆（建筑师Bussmann）

赵祖望与德国专家交流后向对方赠书

科隆教堂与路德维希博物馆

柏林国立美术馆

却是典型的现代建筑，它们是如何协调起来，且受到国际上普遍赞扬的呢？我们看到是这样的：

①利用山坡地形，使其与科隆教堂同一标高的部分降低。

②采用灰色调，在色彩上不夺教堂风采。

③波浪形的屋顶造型，既满足了博物馆采光的要求，又达到了与教堂协调的目的。

（2）密斯·凡德罗于1962年设计的柏林国立美术馆的南边也有一个圣马修教堂，它们的协调问题又是怎样解决的呢？我们看到的是：

①柏林国立美术馆是密斯·凡德罗晚年的作品，64.8m×64.8m的上层建在105m×110m的平台上，黑色钢和玻璃打造的方形建筑，在色彩和形体上都与教堂有强烈对比，教堂的位置成了美术馆对景。

②降低新建筑色彩，不夺古建筑风采，如不走近新建筑则不知其存在，甘作历史的陪衬；但是一旦走近，即显露新建筑全部风采。

同样，下面将提到的卢浮宫的扩建，也是新旧建筑共存共荣的范例。当然还有美国建筑师理查德·迈耶的乌尔姆展览馆及会议厅，也在大教堂附近，方法是任大教堂充当空间的主角，新建筑则是配角和补充。因此项不是考查内容，不赘述。

总的来说，德国的建筑和环境正如他们自己说的，是综合美，即环境美、建筑美、人美（指修养）。那种精确的设计，安详、宁静的环境，广阔的森林和大面积的绿化，给我留下极为深刻的印象。

二、海牙的印象

海牙是荷兰滨海的城市，阿姆斯特丹虽然是荷兰的首都，但政府办公所在地却是海牙。

沿海岸走，印象很深的是海景组织得很好，宽大的干道沿海岸

荷兰海牙

而筑，沙滩经整理后给游人提供设施十分完善的休息场所，隔公路所建的宾馆、住宅、餐馆、商店很有特色。相比之下，我国的管理部门就缺乏美学上的修养，大连、海南、青岛的沿海区域没有很好地利用，多是向内地发展，而海岸则是杂乱的状态，令人遗憾。

海牙是富人集居地，因此高水平的住宅设计较多。可惜时间有限，未作深入考查。与海牙近似的地方还有摩纳哥。摩纳哥是世界著名赌城，也是富人集居地，建筑精美，坡地运用巧妙，加上美丽动人的植物和小品，环境设计独到，值得学习。

三、法国

1. 卢浮宫的扩建

巴黎卢浮宫最初是王室城堡，由菲力普·奥古斯特建于1204年。从法朗西斯一世到19世纪，卢浮宫在重新建造的过程中汇聚了

卢浮宫扩建

四个世纪的不同风格，却又形成了非常统一的整体，成为法国一座值得骄傲的古典建筑，是他们的国宝。

贝聿铭的扩建工程设计方案一公布，便成了行家和市民评论的焦点，争论之激烈，褒贬分歧之大，恐怕没有任何建筑方案能与之相比。

卢浮宫扩建主要是要解决为观众服务的设施和辅助用房的严重不足，被财政部占用的宫址收回之后，展览面积扩大了许多，如何简便地与另外的展厅联系也成了问题。人们从入口到各展厅要不停地走很多路程，与今天博物馆的设计要求不符。设计扩建工程的难点，当然不是技术问题，而是建筑艺术问题。可想而知，要在属于名城名建筑，人们太热爱、太熟悉的国宝身上"动刀子"，实在是太难，而对建筑师来说，又太富于挑战性了。作为建筑师，谁都想碰它一碰，又谁也没有这个胆量轻易地去碰。贝聿铭有这个气魄。

贝聿铭的处理：

①选玻璃金字塔，不加任何多余装饰。

②精心设计体量和尺度。金字塔底边35m×35m，为拿破仑庭院的1/32；高21.6m，为卢浮宫高度的1/3；倾斜角为51.7°。

③另加四个小金字塔和水池，产生一种近人尺度的环境。从整体来看它没有破坏拿破仑庭院，远一点观看，几乎不显眼，它就像一位美丽而不哗众的少女，地位显赫却不夺目，装扮不落俗套、十分高贵，在美的环境中充当一个出色的中心角色，又绝不会是主角。

贝聿铭都做到了。

进入"金字塔"仔细加以品味，地下平面与上层方形平面旋转了45°，使得下层空间十分宏大，巧妙利用正方形四个顶角，作通向三个方向展室的地下通廊，形成几个很大的斜线。贝氏很善于运用斜线与角，记得在美国参观华盛顿东馆时，已觉得他极巧妙地运

卢浮宫（扩建）室内倒金字塔

筹着三角形，一条斜穿大厅的通廊把三角形大厅分划得神奇不已，我曾坐在斜置的台阶和顶角的位置上，久久地欣赏它多元的变化，那种神奇的感受至今难忘。现在又到了卢浮宫金字塔的地下室，以同样的方式，却在不同的地点领略到了新空间的神韵。我的视线总是在栏杆和大梁的背景下，注视着引人入胜的大厅处，特别是那无柱又连旋两圈的楼梯，它似乎是构图的需要，而非功能的必须。当从地下大厅出发走向三个方向之中的任何一个通向旧展厅时，你并不觉得自己是从新的走到了旧的，而是自然地流向自己选择的地方。其中有一通道保留了一部分遗迹，那是因为在施工时发现了拿破仑庭院，原来竟是菲利普·奥古斯都城堡，距今已有700多年的历史。

　　古代帝王总是这样小心眼，在得胜或得势之后，往往把败了的埋下去，并在其上新建城池、城堡，中外都如此，多少精华往往毁在这些帝王的手中！贝聿铭留下这一故事，好让人们加以评说。

　　又回到地下大厅，向上看去，偌大的玻璃金字塔所形成的大空

卢浮宫（扩建）室内入口

间，透亮、迷人，透过玻璃，卢浮宫外墙清晰可见。采光用的小金字塔中，位于接待厅管理处位置，来了一个倒金字塔，下面重复一个更小的三角体，构造精致，白天看去，就像一个庞大的宫灯，明晃晃地照耀着地下暗处，对比十分强烈，以致相机无从正确选择曝光。

因时间花在建筑的欣赏上了，那么多的艺术品来不及品味，匆匆之间看到了达·芬奇的《蒙娜丽莎》、米勒的《维纳斯》、米开朗基罗的《奴隶》及拉斐尔名作等。

走出卢浮宫，真有不少感慨：

可不可以有更好的方案呢？按中国建筑师的习惯，大概要来一个带有巴洛克的假古董（哪怕小一点）立在中央，以达到协调的目的。地上再来三组漂亮的欧陆式连廊，那结果又是以假充真的不伦不类的设计。贝聿铭的助手雅克布森曾说，如果将金字塔削去一部分成梯台状，以与卢浮宫的屋顶协调统一，这样就形成不了金字塔是入口的中心。总之，你可以作无数个方案，但都超越不了玻璃金字塔的设想。这正是"伟大"与"平庸"的差别吧！

如果不是法国总统密特朗明智地选择贝聿铭,如果不是他在贝氏遭到一致谴责时出来支持,那么结果会是另一个样,一个伟大的作品就出现不了,那将是法国和世界的建筑界多么大的损失!所以密特朗在这点上是伟大的,他信任和支持建筑师,而不是站在那里瞎指挥。

贝聿铭对建筑设计和施工高度重视,玻璃金字塔方案出来之后,他要求结构师"做一个看不见的结构",十多位结构工程师花了四年的时间,最后用直径50mm的不锈钢圆钢和直径3mm的钢丝及连接件组成钢架。玻璃是两片磨光玻璃片黏合,共675块。玻璃由圣哥班企业精选白色石英砂用特制的熔炉冶炼而成,后在英国切割,"类似金银细工那样去镶嵌"。这些,我们现在做不到。首先,甲方给的时间会是一个月拿出方案,至多半年拿下施工图,而施工则是"一天一层楼",早早拿下,早早拿钱,早日剪彩上报,谁会去注意百年大计质量第一呢?

2. 拉德芳斯新区

1950年开始,巴黎政府决定在卢浮宫与凯旋门所在中轴线上对称的拉德芳斯地区开发新区,目前建有大型办公楼和大量的住宅,特别是建了一座由建筑师奥·斯普雷卡尔森设计的拉德芳斯大门;

"火烈鸟"雕塑

1958年建国家工业与技术中心；1989年又建了四季商业中心及汽车展览中心。

拉德芳斯区居住人口3万余人，但上班人数为10万人，拉德芳斯大门以其独特的造型而闻名于世，建筑师奥·斯普雷卡尔森将大门（实际上是两座高层建筑合并而呈门状）建在一个高台阶之上，而上述各大建筑均建于一个向上抬起的广场之上，广场的下面则是商场、停车场和娱乐设施，干道也从下层通过，形成竖向设计、很有特点的广场和建筑群，广场设大草坪和一些颇有名气的雕塑，如红色的"火烈鸟"。

"大门"长、宽、高均为110米，用白色铝板作外墙装修，门洞里还悬挂着白色篷索构筑物，如白云飘浮其间，构思是新颖的。据了解这是一个大型设计竞赛的中奖作品，以创新取胜。

参观完之后，感觉设计者由凯旋门想到了光洁的方形大门，也在人车分流上作了精美的竖向布置，构思大胆而富于创新，这种设计观念已成为欧洲的风气，值得学习。

3. 拉维莱特公园及解构主义

拉维莱特公园位于巴黎的东北角，原址是一个屠宰场，其设计是从70个国家470多个方案中评选出的获奖方案，被誉为解构主义的杰作。而作者屈米也因此而成为解构主义的代表人物之一。

我们参观这座公园时，因时间关系只看了一部分，了解了屈米点、线、面的组合，也领略了被解构主义的鼻祖特里达称之为"疯狂"的构筑物。从解构主义在拉维莱特公园的具体表现，可看出屈米是如何破传统而立新的。

首先，他要在一个城市边沿地区设计一个非场所、一反传统的公园，如以小山或绿化来屏障城市的喧闹，所以进公园是在不知不觉中进入的。被称为"疯狂"建筑的红色构筑物，是由红磁漆涂过的钢板和型钢制成，充分利用钢结构的特点，任意穿插、切割、悬挑、空透。有的设结构柱而无顶，有的墙突然不设而露出室内的楼梯，处处体现出与传统相悖。这种形态各异、每120m²一个的群体，点布在公园的空地上，西方称其为Folies，有中文译为"浮列"。红色的点与成线的两条连廊以及成片的草坪、球场一起，构成了点、线、面相结合的景观，体现出它在色彩上、形体上、布局上的新意。扭曲的屋顶长廊串联红色点阵，起着活化环境的作用。

进公园没有明显的标志和阻隔，进去之后也无明显的收尾或用来阻隔的构筑物，这大概就是他们主张的"无限"吧。

解构主义者用分裂对抗统一，不存在反抗存在，无限对抗有限，通过断、隐、重叠、翻转对抗连、显、韵律、平稳。总之，他们对建筑的已有规律和习俗一概否定。他们认为建筑若仅仅是合理的、真实的、美的就远远不够，应在更高层次上反映社会的变化和追求，借鉴哲学、语言学科研成果。解构主义就这样建立起自己的理论。

到现场实地考察，觉得这个公园不是以往公园的模式，也不是空旷的处女地（它有东西），似乎没有界定什么，有些景观是美的，如沿运河地带，与其被看成解构主义的杰作，不如说是一种手法。它并未彻底反现代主义构成的法式，数个120m²方块组成的方阵正说明它还是遵循着规律的，足见他们的理论和实践不成熟的一个方面。

名为Folies的构筑物被拆卸，分解得不太实用，目前有的为了利用而不得不加以改造，这是从另一个方面说明建筑终归是要以实用为前提的，把实用也"解构"，将得不偿失。

解构主义者认为传统的建筑交代得太清楚、太具体，是有限和封闭的，而解构主义的建筑有如朦胧诗歌，只能意会不能言传。它让读者（参观者）看不懂，并产生一些读者自己的解释，来继续完成他们的作品。这点，他们目的算是达到了，我看了许久也说不上有什么清晰的感受，模糊之中，只觉得它与众不同，但一定要我说几句赞赏的话，我只能来点外交辞令：无可奉告。

通过考查，我们应该记住几位勇敢的创新者的名字：哲学家雅克·德里达，建筑师屈米、埃森曼、哈迪德。其中哈迪德是英国女建筑师，她出名的作品是香港山顶博物馆，获竞赛一等奖，善用构成方法绘制连建筑师也看不懂的图纸，有人说她应属于早期俄罗斯的动态构成主义的追随者。

简单地将解构主义的主要作品介绍出来，不过"解构"这个词不怎么令人满意，英文结构是construction，deconstruction变成"解构"不准确。但外国学者在创新上所下的功夫，实在令人叹服。有中国学者发表文章曰"贵在创新"，为什么贵，是因为只有在新理论基础上才有真正的创新，一向因循守旧的中国人就因为"贵"而不热衷，有人在学报上大谈"慎谈创新"，将前文作者批得一无是处。这是因为前文说了几句清华大学图书楼没有创新的缘故。其实不创新（指理论到实践）也可以有好的作品，两人都对。我所感慨的只是中国文人气度太小，一刺便跳将起来，何必！外国学者就不是这样，贝聿铭的金字塔，批评者一大批，可他始终是绅士风度。以上是一个方面，令人叫绝的是有高介华等人著文说2000多年前的中国战国时代就已有"解构主义"的游戏了。楚人专擅的"解构"思想源于庄子，他在《庄子齐物论》中举例："天上莫大于秋毫之末……天地与我并生，而万物与我为一。"既然"万物与我为一"，即无彼我、物我，此意就是"解构"中的任意翻滚、拼接等等，发明权归中国。记得我在内蒙古时，有一茶馆老板是回民，据他说是竞选阿訇的落榜者，他说"可兰经中的一个字，有学问的阿訇三天三夜也说不完",又说"现在的人不研究可兰经,其实早在一百年前就可以发明核弹、氢弹,那里面都有"。不知怎地,两者有异曲同工之妙。

4. 奥赛博物馆扩建

巴黎的奥赛博物馆改扩建工程是在原来废弃的火车站基础上,采用建筑师巴东、考尔波克、菲利普和奥朗蒂等设计竞赛中奖方案实施的,当时提出的竞赛要求很明确:

①满足博物馆各功能;

②保护旧建筑原貌;

③在新加入的建筑元素中,不可进行形象模仿,鱼目混珠,要求做到建筑的各部位新与旧能够协调共存。

巴东等人的方案解决了这些问题,在原来30 000m^{2}的空间内提供了45 000m^{2}的使用面积,建筑长140m。作者将入口置于端部,下沉的台阶将人们引入4m的地下,中央展厅则由台阶和平台组成,不断抬高并在不同高度上将人流引向两旁的展厅,利用两边的屋顶可作敞开的展厅。它们全都包含在原有的拱形大厅之中。从旧建筑楼梯休息平台看去,展厅的布置和不少雕塑艺术品尽收眼底,新旧分明,又十分协调得体。此博物馆以展示19世纪下半叶艺术品为主,它与卢浮宫、蓬皮杜中心一起,构成法国从古到今全过程的展示平台,印象派和后印象派作品也在奥赛博物馆中陈列。

欧洲的博物馆之多,馆藏作品之精、之多,给我留下了极为深刻的印象。一个国家,只有文明和财富到了一定的阶段,才会重视和建设大量的博物馆,以进一步提高人民的素质,可以说博物馆的多少,质量好与不好,是一种文明的标志。

固定展出、长期展出和储藏太重要了,此类博物馆大约故宫算一个,可惜中国的古建筑距现代博物馆的要求,差之甚大。而作为短期办展的中国美术馆，馆藏只能入库，与广大群众无缘，北京尚且如此，外地更甚，与我国这个五千年历史的古国极不相称。高级宾馆多得用不完，而博物馆少而差，应引起有关部门的重视。

四、意大利

在意大利期间，几乎是西方建筑史的大复习时间。我们参观了威尼斯的圣马可广场，它一直是广场设计的典范，还有佛罗伦萨的维其奥宫及黄帝广场，以及罗马的万神庙、斗兽场、圣彼得教堂、天使古堡、古罗马市苑、特来维喷泉。其间游览了许多广场（如有名的威尼斯广场、人民广场、共和国广场、西班牙广场、纳袄纳广场等），也拜访了不少教堂。可以说，这是一次生动的建筑和艺术欣赏课，获益匪浅，限于篇幅，不能一一介绍，只谈一些感想。

对古建筑保护各国都很重视，但观念上不尽相同，法国凡尔赛宫和卢浮宫的石材，由于空气的侵蚀，都易发黑和剥落，为了去掉黑色层，他们用金属刷甚至用高压喷砂清洁，结果是虽然清洁了，但建筑物也受损了。现在他们发明了一种涂料，对古代或者近代有保留价值的，通过保护原状而不是通过维修去破坏原来的东西。对已破坏了的，收拾之后原样留下。如古罗马市苑，没有想重建的意思；斗兽场只有一小部分看台修复了，是想告诉人们未损坏前的状态，其余大部分是残破的现状，并未修复。

我国有的古建采取修旧变新的手法，不少成了假古董，以低劣的制作取代了古代的精华，有的已成为千古遗憾。

罗马可称名副其实的古城，从公元前29世纪到公元475年帝国兴起再到后来帝国衰落，在中世纪教堂成为精神领袖的时期，罗马得到了极大的发展，后由于教皇的堕落而趋于衰落。15—17世纪，历任教皇进行大量的活动来装饰罗马，著名的艺术家，如布拉曼特（1445—1514年）、米开朗基罗（1475—1564年）、拉斐尔（1433—1520年）被召到罗马，其中米开朗基罗设计了新的圣彼得教堂，在众多的艺术家努力下，1626年竣工，成了梵蒂冈的主教堂。罗马之后又经历了17世纪巴洛克艺术鼎盛时期，艺术家、雕塑家及建筑师贝尔尼尼将罗马变成了光彩无比的城市。

经历了多个世纪，罗马的古迹遍布城区。所以改扩建的工程多向四周郊区发展，其中值得一提的是"新罗马"的建成。

墨索里尼下令建新罗马，称EUR，是为1942年罗马国际博览会而兴建，当时把此地有的十几座古教堂和不少古建筑文物全拆了，成为当时对古迹最大的破坏。

一直到1953年左右，新罗马采用所谓"新古典主义"手法，建立了包括劳动文明大厦在内的许多博物馆及办公楼等，用地呈五角

罗马劳动文明大厦

形，占地420hm²，堪称20世纪下半叶意大利建筑典范和传世之作。

劳动文明大厦被称是方形的斗兽场，它将斗兽场的窗移到这里，四周的走廊里，对景处立有很好的雕塑，它显然被简化了，但仍有古罗马的遗风。规划上也采用广场、大台阶的方式，"神似"罗马的手法，但新材料、新科技的运用十分明显，建筑师帕加诺等注重文脉又勇于创新的设计，值得称赞。今日的中国也盛行所谓"欧陆式"，不少地方甚至高层建筑也来一些"新古典主义"手法，不伦不类。盲目模仿，是不正确的路子，实际上人家早已不采用了，取而代之的是在欧洲郊区大量涌现的钢与玻璃的组合。

罗马古建筑都是由大雕刻家如米开朗基罗、贝尔尼尼等主持设计的，他们艺术功底深厚，设计的建筑立面比例适度，造型优美，形体丰富，雕刻精美无比，人体解剖的知识使得他们的作品达到出神入化、美轮美奂的程度，今人无一能与之媲美。

在欧洲，我看到了哥特式的教堂，也领略了巴洛克和洛可可的建筑和艺术，对西欧建筑艺术有了较深的理解。巴洛克和洛可可建筑在建筑史中一直是繁琐、累赘的代名词，但作为艺术品它无疑是珍贵的，我们的审美观已随着科技的进步、信息社会的到来而有所改变，不可能也无必要去建巴洛克式的建筑，但那一代的精英孜孜以求的精神的确是令今人自愧不如！我希望建筑师珍惜古代的东西，创作新的东西，而不能搞假的古董，如果做得真假难辨那更可恶。法国奥赛博物馆的竞赛要求提出不允许形象模仿，鱼目混珠，这是值得我们有关主管部门借鉴、深思的。

本文发表于《建筑技术与设计》

石岩湖温泉浴室设计构思

一、一般情况

石岩湖位于深圳市西北约40km的羊台山下。距湖址3km处有一玉律村，村南有温泉露头，泉水属碳酸氢钠型，水温高达60℃以上。自古以来，泉水长流不枯，是古代著名的"玉律温泉"。据说，这个温泉在明代便以"玉勒汤湖"之名列于新安八景之一，可见其名之盛。

石岩湖温泉浴室建于石岩湖西岸，北有已建成之西班牙式宾馆，东南为大片树林，西靠青山，有岩石外露，东临秀美如画的石岩湖（图1）。

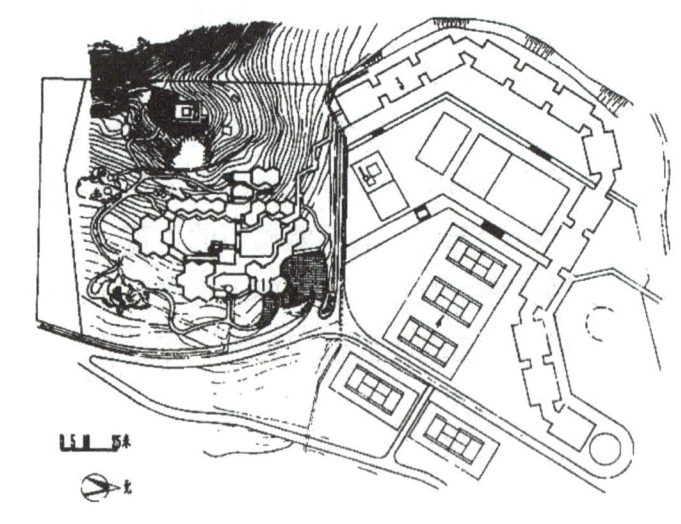

图1　石岩湖平面图

石岩湖温泉浴室为"石岩湖乡村俱乐部"重点项目之一，建筑面积为1800m^2，占地面积为20 000m^2，在用地范围内，西高东低，高差约7m，出环湖大道，有桥直达湖心岛。

浴室于1983年11月设计，1984年8月竣工投入使用，自营业以来，深得深港各界人士及顾客好评。

二、设计构思

（一）配合环境美化环境

已建之宾馆是典型的西班牙式建筑群，紫红色的西班牙挂瓦配以白色的喷塑墙面为整个建筑群定下了基调，从外到内装修均体现"素""雅"二字。为了使整体性不遭破坏，新建的浴室采用了同类型的屋顶和墙面，基调仍然主张素雅。在一大片墨绿的密林之中镶嵌着一组红顶白墙的建筑群，对比十分强烈和醒目。从沿湖大道看去，就像长在绿丛中的白玉，玲珑别致，给附近的山山水水增加了生气。

在设计中，考虑到山陡地窄，决心不采用集中于一体的单栋建筑方案，而选用能灵活布局的群体组合方式，充分利用地形，使群体靠山而建，随形而弯，依势而曲，增加了空间的层次，丰富了立面造型（图2）。

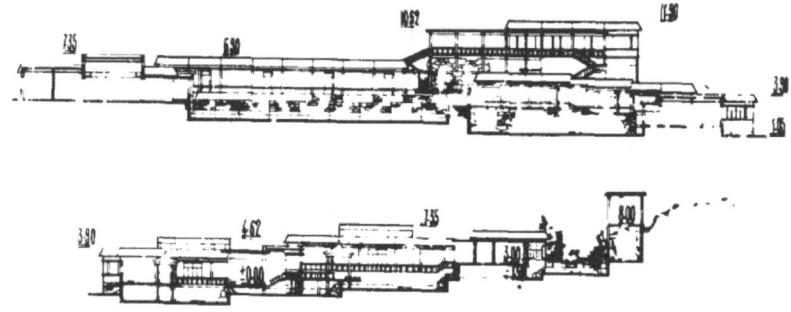

图2 建筑群剖面

（二）园林设计的新探索

在设计中最值得探求的问题是西班牙式的建筑如何与中国庭园相结合，会不会因格调上的差异而使整个建筑群产生不协调的效果。经过比较，设计中采用了由两间浴室和客厅组成的六边形为母题，充分利用六边形相互搭接较方形多的特点，重复母题并拼成各种图案，组成以水为中心的庭院；以大小不一、景色各异的庭院组成一个完整的多变化的组群。这是典型的中国园林建筑的处理手法，而构成群体的"细胞"却是从形式到材料都是"外来货"。建成之后，西班牙式的六角形并没有在格调上与中国园林不相适应，它们已融为一体，并且具备了中国传统建筑艺术的基本特征。而且，由多个六边形的组台所形成的曲廊是中国园林中经常出现的手法，使得本建筑更增加了中国园林的情趣。

（三）平面设计特点

为了避免高差大跌大落，设计时将空间沿等高线划分成3个层次，利用长廊、敞厅、休息厅及连廊，将六边形组群分成4个大小不同的庭院，形成了平面的基本格局。将荷香亭、观泉亭、听音处、羊台飞瀑、观景台等兴趣中心集中于中路，使南北两大沐浴区取得相对安静的位置，减少了游人对顾客的干扰（图3）。

由3个六边形组成的入口服务大厅往西，就进入一个幽静的双人浴室区。通过六边形所形成的曲廊，经花台层层而上，的确是步移景变，情趣横生。在标高2米处与长廊汇合，透过长廊的边墙漏窗、屏门与主池空间流通，使园景半露半掩，适当阻隔了视线，避免小空间造景的窒息感和一览无余的弊病（图4）。

从屏门向南看去，少量叠石、几株花草将人们的兴趣导向了主庭院。

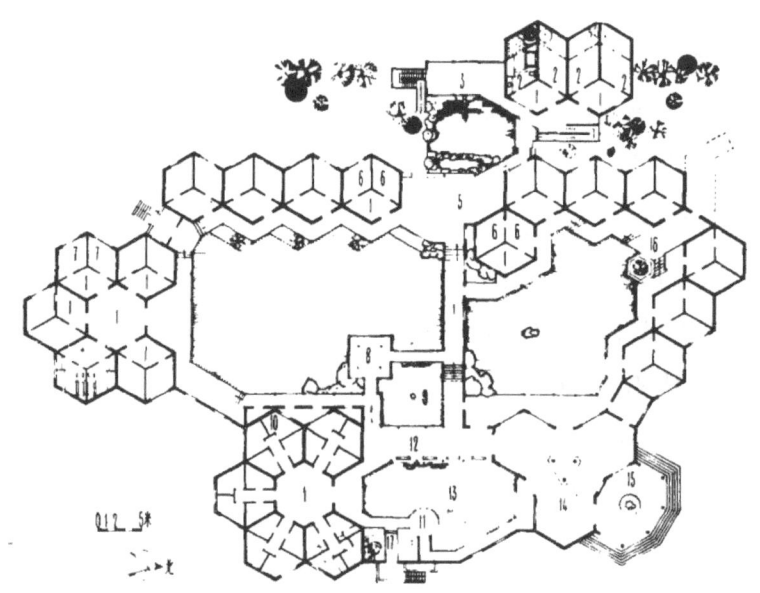

①休息厅；②按摩浴室；③观赏平台；④羊台飞瀑；⑤听音处；⑥双人浴室；⑦单人浴室；⑧观泉亭；⑨喷泉；⑩普通浴室；⑪荷香亭；⑫休息廊；⑬荷花池；⑭入口大厅；⑮入口门廊；⑯花台；⑰石台竹影

图3 平面

图4 双人浴室庭园

图5 观泉亭

从长廊看主庭院，眼前的风景一变幽静为欢快和跳动，由小而封闭的庭院到了豁然开朗的新天地。这里有观泉亭（图5）、千姿百态的湖石叠石，有泉水从双鱼雕中喷出（图6），沿着3层错落的南北长廊，流水层层跌落，最后经休息敞廊涌入荷香池，组成景观的一个高潮。

荷香池位于建筑组群的最东端，南北两端由5个六边形围成的单人浴室和门厅封闭，东端有矮墙与外界景物相隔，荷香亭巧置于池中，将空间又分出一个幽雅的小品——石台竹影。西边通过敞廊与主池若隔若连，庭园小巧别致，坐在敞廊的"美人靠"上，西可观喷泉，东可欣赏芙蓉的清香，花影摇曳，流水潺潺，美不胜收。

图6 观水台及喷水双鱼雕

从长廊向西，可避开浴室区，经听音处直达羊台飞瀑的景区，外景就从这里引入内庭院，听音处内设山石流水、人造老树古藤，是自然景色的延伸，是休憩的好地方（图7）。羊台飞瀑是一栋两层楼房，底层设计成山洞式样，引水从屋顶夹层流出，沿叠石直入水潭，令深港游人除在城市中的物质享受外，又有山村水泉之乐，远离烦嚣，领略浴后的静谧，其中之乐不难想见。

图7 人造古藤

三、豪华浴室的设计

本设计共有4种浴室，即豪华双人按摩浴室、双人浴室、单人浴室、单人普通浴室（图8）。

甲型为豪华双人按摩浴室，边长为4.2m的六边形，设一间会客室、两间浴室，出浴室各设有独立的小花园，以作浴后小憩之用。室内备有水力按摩浴缸、休息床和新式面盆及马桶。

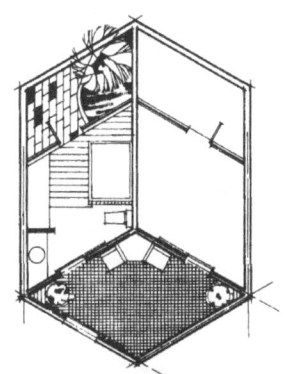
甲型双人按摩浴室

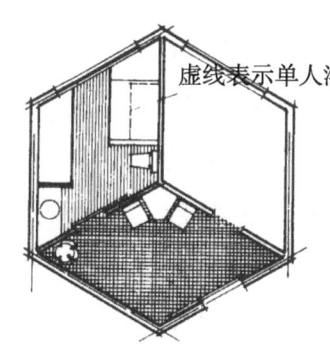
乙（丁）型双人（单人）浴室

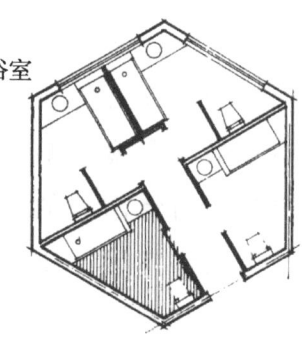
丙型普通单人浴室

图8 浴室平面

水力按摩浴缸，集合了按摩与沐浴的功效，其动力系统设有多个漩涡式高压喷射龙头（图9），可随意调节喷射角度、水温、水及空气之混合压力，使身体每个部位都能得到适当之水力按摩，从而促进血液循环，增进健康，对减肥、治疗风湿病均有一定的效果。

高压喷射龙头的作用是使空气向迎面而来的水流直冲过去（图10），同时产生大量气泡，气泡直径小于1/8英寸（0.3175cm），使按摩达到最佳效果。按摩浴缸动力装置随产品整装而来（图11），设计时需按尺寸配以平台，将埋入部位置于平台下面，留出检查孔即可。

从设计图可看出，顾客由外廊经会客厅方能进入浴室，其目的是最大限度地减少游人及路过的客人对沐浴者的干扰，在组合式单人浴室设计中，也设有公共大厅，起着连廊的作用，由大厅经会客室方能进入浴室，其目的与前者同（图12）。

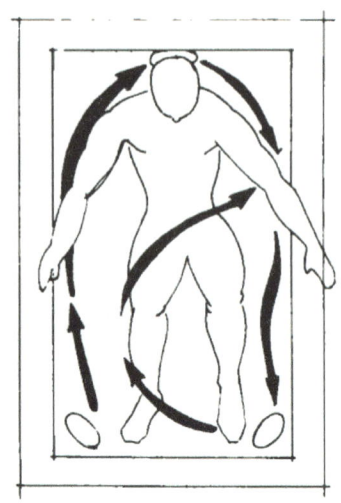

图9　浴缸水流走向图

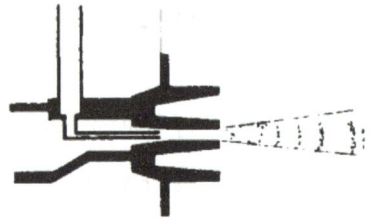

图10　按摩浴缸喷嘴示意图

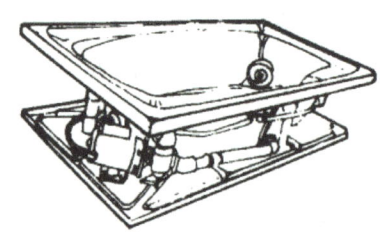

图11　原厂装置之按摩设备

图12　浴室休息厅

四、体会

为这样带有旅游性质的温泉浴室设计方案，对我来说是一个新的尝试。根据宾客的生活习惯以及甲方要求，本设计必须满足沐浴、浴后会友、游玩3种功能。为了达到这些功能的要求，我选择了浴室结合中国式庭院的处理手法，为了使建筑组群有一种统一、调和、简洁的格调，采用母题不断重复并结合几何作图的手法，使整个建筑外轮廓产生以4m边长为模数的闭合空间。在具体组合小空间（庭院）时，尽可能做到活泼有趣、主题各异又相互衬托。

由于建筑面积只有1800m²，不可能组成较大的空间，于是采用使园景动静分明，大小结合，充分利用外景的手法，从而使园景小中见大，以少胜多，在有限的空间内获得丰富的景色，达到中国园林所特有的"深"的目的（图13）。

图13　石岩湖温泉浴室实景

其次，中国的园林艺术是经久不衰的，它那多姿多彩的组合，空间的穿透，对景、借景的微妙，绝不只是在大屋顶的情况下才适用。随着新的设计思想形成，国外优秀经验的掌握和运用，我国必将出现更多优良的现代建筑作品。然而，中国建筑的特色如何在设计中与现代建筑结合，那是值得探讨的问题。但可以肯定地说，中国园林的成就完全可以与现代建筑有机地结合起来，进而给新建筑带来具有特色的新鲜血液，创造出更具特色的现代建筑。

读何镜堂

很久不见何镜堂学友了,从1960年在华南工学院(现改为华南理工大学)毕业后,直到2000年我被评为设计大师前,我们都没见过面。在设计大师评选大会结束后的见面会上,我看到了主席台上坐着一位满头苍白头发的评委,似乎面熟,同时,他也看见了我,只见他漫步走下台来与我握手时说:"我是何镜堂。"时间真如加速了的列车,那哭、那笑,那稚嫩的日子已然远去,似乎忽然间就变成了现在的我们!在毕业之后的漫长日子里,各自忙于自己的设计工作,没有任何交流。因工作的需要,在有关的建筑杂志和书籍中,读到何镜堂的设计大作频繁地在祖国大地上实现。上海世博会中国馆,从设计竞赛到落成,一直备受众人的关注,当亲临展馆现场,那种喜庆的色调,磅礴的气势,引人入胜的造

赵祖望与何镜堂合影

型，令人一震，我不禁大叫一声，好一个何镜堂，绝了！

再见到何镜堂院士已是2015年8月了，我带领一帮年轻建筑师，专程到华南理工大学何镜堂工作室拜访，了解了工作室累累的硕果，站在上海世博会中国馆的精致模型前，我陷入了无尽的沉思。随手翻看他送来的《何镜堂传》《何镜堂建筑人生》，眼前涌现那么多的成名作品，回来后又加以细细品味，无不感慨万千。

一、一曲感天动地的悲壮之歌——侵华日军南京大屠杀遇难同胞纪念馆扩建工程

2003年，13家设计单位竞赛争取侵华日军南京大屠杀遇难同胞纪念馆扩建工程，最后华南理工大学"和平之舟"方案一举夺魁。当时工程领导小组给出的设计理念是"牢记历史，不忘过去，珍爱和平，开创未来"。"和平之舟"以"断刀"的造型，舒展的平面，将原有的纪念馆有机地包容在新的纪念馆之中。何镜堂领导下的设计团队，创造出多变的建筑空间序列，依次将战争、屠杀、全民抗战到走向和平的内容，丝丝入扣地融于建筑空间之中。何

纪念馆鸟瞰

纪念馆外景

院士以"场所精神的营造"作为设计的主导思想，将"基地曾经承载的惨绝人寰的杀戮、无辜遇难者的悲愤以及后来者的凝重思索"作为创作场所的前提，营造出"折断的军刀""死亡之庭""和平之声"等意境空间。建筑材料的选配，雕塑的精心布局，环境氛围的营造，都体现作者高水平的思维和娴熟的技艺，看似信手拈来的形体却隐藏着多少辛酸和劳累，这哪里是在摆弄着线条，分明是在讴歌生命的永恒，吟唱一曲悲壮的交响乐！侵华日军南京大屠杀遇难同胞纪念馆的建成震撼了国人，也唤醒了世界的良知。

纪念馆内景

纪念馆雕塑

二、好一个"东方之冠"

2010年,上海举办了中国百年以来所梦想的世博会,世博会里集聚了几十个国家和地区的参展场馆,大家都使尽浑身解数,纷纷拿出最高水平的设计,那种种神奇的五花八门的构思,令人难以忘怀。人们最关心的当然是中国馆将是什么样的,世博会组织者收到了3千个竞标方案,何镜堂领导的华南理工大学团队,以"中国器"为理念的方案,历经多次评审,一波三折,最后一举夺标。"中国器"在后续经过不断设计深化之后,易名为"东方之冠"。

"东方之冠"的精彩在于它是典型的现代建筑,却又具有那么浓郁的中国风味;这是钢铁的组合,在冷漠的钢铁之内,蕴含着的又是那么活跃、那么富于动感和喜庆的因素;张扬,却不失雍容华贵的中国气韵。"东方之冠",精彩!

我们建筑界做设计最大的难点是在建筑中融入传统文化元素。

上海世博会中国馆外景

上海世博会中国馆鸟瞰

东方哲理内在的神秘，常人是难以驾驭的，何镜堂的团队居然如此合理地把这一难题图解了，而且表现得那么明晰和彻底。难怪时任国家主席胡锦涛同志看了"东方之冠"后感慨："这个馆很有中国特色！"2010年意大利著名建筑评论家卡萨帝认为："上海世博会中国馆是中国建筑设计的一个分水岭，开创了中国建筑设计的一个新时代。"

三、校园建筑设计领军人

时至今日，何镜堂究竟设计了多少个大学校园？恐怕没有上百也有几十个了吧，如此多的名校设计能够集中出自华南理工大学设计团队之手绝非偶然。21世纪初，高等教育大发展，全国各大院校纷纷改扩建原校址，建新校园，办分校，这千载难逢的机遇，造就了何镜堂设计的井喷时代！在他领导的团队笔下，设计了华南师范大学、浙江大学、重庆大学、南京工业大学、华南理工大学等几十

逸夫人文馆外景

所高等院校的新校区。这些院校的设计不但饱含着他的睿智，也成就了他一生中一段伟业。难怪北京大学原副校长郝斌题词"校园新景物，一半属何公"。

前不久，利用拜访何镜堂工作室之便，参观了他的杰作：华南理工大学逸夫人文馆。

穿行于廊道、桥梁，漫步于建筑透空的景观交流空间，深深地感受到设计师何镜堂和倪阳对岭南建筑风格的领会与实践。那种"少一些、空一些、透一些、低一些"的设计理念正是岭南建筑之精髓，人们游走于亦虚亦实的空间，领略水系外景与建筑的呼应、环境与建筑共生的情趣；高低错落有致的手法，将岭南风格、亚热带建筑的神韵表现得淋漓尽致。该建筑获得国家优秀设计金奖，获评"国际先进水平"等荣誉，实至名归。

带着岭南建筑的神韵，结合不同地域的特点，何镜堂在之后的浙江大学等校园的规划和设计中加以灵活运用，取得了辉煌的成果，令人感服。

何镜堂曾多次到英国剑桥大学体味环境的静谧、徐志摩的康桥

逸夫人文馆局部

之别,这也许给他带来对校园规划设计的情思,所以他的校园设计中充满了动态和活力,同时给学子创造出人性化的环境,每一个建筑节点,都存在为教育服务的冲动。

何镜堂以及他所带领的设计团队硕果累累。据统计,至2013年止,获得国家级奖项41个,其中金奖4项、银奖1项、建筑学会创作大奖8项;建筑学会星杯中国威海国际建筑设计大赛银、铜和优秀奖24项等;省部级一、二、三等奖和创作奖46项。

能取得这么多的奖项,即使不是绝后,在中外设计队伍中恐怕也是空前的吧,人们把华南理工大学不断收纳建筑类奖项的现象称之为"华南现象",而"华南现象"的成因,的确离不开何镜堂院士的开拓和努力。

何镜堂出生于1938年4月2日,祖籍广东东莞,1961年毕业于华南工学院建筑系建筑学专业,以优异的学业成绩被推荐为研究生,师从名师夏昌世教授,可以说这是一个难得的机缘。在夏教授的带领下,何镜堂进入了人生的转折期。

夏昌世教授1903年出生于广东华侨工程师家庭,1928年在德国卡尔斯鲁厄工业大学建筑专业学习，1932年在德国蒂宾根大学艺术史研究院获博士学位，后回国先后任铁道部工程师，同济大学、中央大学、重庆大学教授，1946—1952年任中山大学教授，后改任华南工学院教授。

20世纪30年代，正是世界现代建筑兴起和发展的重要时期，德国魏玛市包豪斯学校的成立标志着现代建筑的诞生，这对世界现代建筑史产生了深远影响。而此时夏昌世教授正在德国学习，受着现代建筑思想的熏陶，现代建筑思想和设计技艺伴随了他的一生，也影响着一代受他栽培的学子。

20世纪50年代，我国建筑界的设计思想是较混乱的，主张传统和反对"大屋顶"的思潮反反复复。苏联的建筑风格深深地影响着我国建筑界，"民族形式社会主义内容"叫人摸不着头脑。这时夏昌世教授一系列的现代建筑作品，如华南工学院图书馆、化工学院教学楼，中山医学院附属医院等破土而出。他以出色的实际行动告诉人们，建筑设计思路应该如何走，应该以什么样的理念从事设计。

夏昌世教授与陈伯齐、佘敬南以及后来的莫伯治教授一起，潜心研究亚热带建筑的特点，并在实践中加以运用，形成名噪一时的岭南建筑派别。夏昌世以他的建筑成果和完整的岭南建筑设计理念，成为岭南派的泰斗人物。与同辈不同，夏教授不仅是优秀的教育者和研究者，同时还是伟大的建筑师。可惜，由于当时对知识分子的政策总落实不到这位才华横溢的教授身上，他正直的为人和丰富的学识，以及有一个德国老婆，竟成为受打击的借口，他在"文革"中饱受冲击，1973年经周总理批示重返德国。

何镜堂是幸运的，他是夏教授第一个研究生，得到夏教授现代建筑技艺的真传。在攻读研究生期间，何镜堂对建筑艺术如痴如醉。《聊斋志异》的作者蒲松龄名言："性痴则其志凝，故书痴者文必工，艺痴者技必良，世之落拓而无成者，皆自谓不痴者也。"1964年，何镜堂到北京为研究生论文收集资料，在北京设计院，发现了一本英文版《医院功能及设计研究》。这正是夏教授指导下的研究课题，当时没有复印设备，没有任何可以省事的工具，且借期只有三天，他没有犹豫，决定全本手抄下来。何镜堂凭借一瓶墨水、一支小小的绘图笔，居然将60页的英文图文描绘下来，这是何等惊人的毅力和令人感服的痴劲啊！现在这本手抄本已经永远留在华南理工大学，成为建筑学院保留的"励志宝典"。何镜堂既是"书"痴也是"艺"痴，所以他"文"亦工，"技"亦良！

在夏昌世、佘畯南、陈伯齐、莫伯治相继去世后，岭南建筑的领军人物的重任毫无悬念地落在了以何镜堂为首的精英们的肩上了。

何镜堂将他们几十年所积累的创作经验，归纳为"两观三性"的设计理念，即整体观、可持续发展观；地域性、文化性、时代性。何镜堂和他的团队，秉持着"两观三性"的成熟理念，走南闯北，设计了大量校园和博物馆建筑，在强调地域性、时代性的前提下，还隐含着岭南派的活泼、空灵的风韵，走着以几何图形为主的现代建筑道路，在几何块体下营造出神秘的空间。如果把他们的成果用几句话来形容，我想是：奔放不失精巧，粗豪不乏细腻，深沉中现潇洒，含沉静于飘逸。

四、令人称羡的团队

华南理工大学培养了大量的人才，仅何镜堂就大约培养了七十位硕士研究生和博士研究生，还有三位博士后。何镜堂工作室在建筑学院每年培养的硕士研究生和博士研究生中挑选至少三位留下任职，可见他们很早就做好了人才储备的计划。目前，何镜堂工作室员工有近百人，个个都是能打胜仗的高手。

何镜堂目前是华南理工大学建筑学院院长，也是建筑设计院院长，更是何镜堂工作室的掌门人，他的作风是严肃认真、一丝不苟。他说："做一百个普通设计，不如做一个精品，哪怕一个小建筑也要创新创优。"

建筑师是一个很强调自我的职业。何镜堂能将这么多的精英团结起来是有其原因的，在攻克一个又一个竞赛项目时，他给建筑师们留有发挥各自才能的空间。每遇一个重要项目，他们努力方向很明确：做一个好设计，写一篇好文章，争取一个金奖，并以此作为进取的动力。他们就像一群斗士，从一个胜利走向另一个胜利，可以说，何镜堂不仅是一个能冲锋陷阵的将才，也是一位不可多得的帅才。正如有人说何镜堂是"专家中的领导，领导中的专家"，这个评价十分中肯。

何镜堂院士带着已取得的成绩，继续奋战在设计的第一线，努力推动中国建筑设计向世界高水平迈进，但愿"华南现象"变成"中国现象"，为实现民族复兴的伟业增添新的光彩。

我国的航天事业发展已几十年了，航天建设也随之在发展，我们应该以什么样的态度和精神来为这一尖端事业服务？我们应该拿出什么样水平的实验室和厂房，在满足我们的研究者需要的同时，也为他们提供优美舒适的工作环境？看看何镜堂和他领导的团队的作为，思考一下我们缺少的是什么，省度过去，做好现在和将来。

此文登于2015年10月13日《航天建设》、2015年11月13日《中国航天报》

中餐好还是西餐好？
——解读王澍及其作品

2012年普利兹克奖第一次在中国评奖，中国建筑师第一次获得普利兹克奖，中国的建筑师第一次被聘为该奖项的评选委员，这三个第一次标志着中国的建筑界受到了国际上的重视和认可，这是值得我们高兴的一件大喜事。

王澍，这位年仅49岁的青年建筑师成了本年度普利兹克奖备受关注的人物，第一次见到他是在北京召开的普利兹克奖获得者的论坛上。扎哈·哈迪德、弗兰克·盖里、格伦·马库特和让·努维尔等人先后登上主席台，王澍上穿青色中式大褂，下穿黑色西服裤，足蹬牛皮鞋，带着王澍式的自信登场，一如他的为人和他的作品，中西合璧，不中不洋，引起了我要进一步认识此人的兴趣。从他在论坛会上回答的几句话中透露出的对当今的建筑界所持的否定态度，可以看出他是一位很有个性甚至自负得有点张扬的，表面上又带有儒家的几分矜持，以及几分禅味的学者。查阅一些有关他的个人资料，看了看他已完成的几件作品，才对他有了初步的认识。

王澍毕业于南京工学院，1985年取得硕士学位，2000年获同济大学博士学位。他所受到的是现代主义建筑教育，从他已建成的作品不难看出，他有着扎实的现代建筑的设计功底。"当大家拼命赚钱的时候，我却花了6至7年的时间来反省"，6至7年长时间的思

宁波博物馆入口

宁波博物馆入口水池

宁波博物馆室内一角

考,使王澍琢磨出自己应走的道路,那就是"重返自然之道""重建一种当代中国本土建筑学"。说白了,他在探索江南的传统建筑文化与现代建筑相结合的问题。

传统建筑和建筑的传统一直是中国甚至是世界建筑界不断探索也是不断引起争议的大难题。问题起源于20世纪初德国出现了包豪斯学派,在密斯、柯布西埃等人的冲击之下,所谓国际式的建筑形式,在欧美各国得到疯狂的推广和传播,使得一些后进的国家产生本国文化会被取代的危机感。于是墨索里尼时代的意大利有了罗马新城那样土洋结合的建筑；日本明治维新前提倡"和魂汉才"也是日中建筑的融合；后来中国落后了，改为"和魂洋才"，转向西方。早年的日本在融合理念的基础上出现了不少高水平的建筑师和颇有影响的有"和魂"的建筑佳作。中国在那几十年中，有不少有为的学者，如梁思成、杨廷保以及岭南的夏昌世等人，也作出了有历史意义的探索。那么王澍又是怎样做的呢？

前不久我参观了宁波博物馆，抱着一探究竟的心态去看看江南水乡的风韵如何在超大型的建筑中得以体现。

走近博物馆入口，是一个大水池，水池从南到北直穿入口架空的灰色空间。池边设有桥，跨水将人们引入博物馆大门。设计者一改大型公共建筑过分突出入口的旧习，采用较为隐蔽收敛的手法，新颖、老到。入口处灰色空间的西侧，设有一天井，直通顶层，天井四壁是U型玻璃幕墙，似乎有一种江南民居小天井的联想。

接着进入大厅，大厅呈矩形，斜置的自动扶梯可以直上一、二层之间的夹层，另一部自动扶梯可以直达二层展厅。交错的扶梯、水平的栏杆、动态的人流，使得入口大厅充满了动感。而那面积不大的夹层，却使得大厅空间流动起来，以动态的线条（自动扶梯）

宁波博物馆大厅

宁波博物馆屋顶

打破横平竖直的僵硬，利用夹层的过渡，形成一系列的流通空间。在夹层的顶部，留出采光口，光影斜照在粗犷的竹模混凝土墙面上，与平滑的钢材部件形成强烈对比，其视觉效果令人震撼。

宁波博物馆的设计是采用了打破单一基本元素的综合构成法，建筑块体追求立体架构上的处理。王澍独创的"瓦片墙"采用几十种旧砖瓦加以材料上的重构手法，在多种元素的重构之中，他又以竹模混凝土与之交错，甚至是采用"互相纠缠"的衔接方式，从而使立体构成充满了材料的肌理和色彩的变化。我们知道，材料的肌理分视觉肌理和触觉肌理，前者是平面的，后者是由物质材料构成的，可触摸的。王澍的外墙设计两者兼备。

此外，王澍观察旧建筑拆除后在另一面墙上留下的残痕，发现了它的残缺美，并在立面设计中加以运用，说明他是一位有很深的美学修养而且做事十分细心的人。

无论是材料肌理的运用还是墙面的多样，这种多变的元素累积在一起，会使观者产生不同心理反应。"瓦片墙"会勾起江南父老们罗曼蒂克的怀旧情绪，或者令远方的游子带几分乡恋和乡愁吗？王澍的"顽"，在这里得以充分地展现。

王澍设计的宁波博物馆是一幢典型的现代建筑，与苏州园林没有多大的关系，但他设计的另一幢建筑，中国美术学院象山校区却是与园林有关的。

象山校区建筑的布局，几乎是采用无序的规划手法，单体之间以两层和三层室外连廊串联起来，连廊在楼层间串上跌下，不时穿向室内，与室内走道或交通厅连接，形成内外时断时连，时进时出的格局，王澍在这里确实痛快地耍了一把游龙的情趣，很难判定这种做法是否为功能上的必需，但却有着个性上的充分表露。当然，有时玩过了头，连廊上下打架，管理者不得不在多处挂上"小心碰头"和"此路不通"的牌子,像这样不以人的尺度进行设计的地方还有很多,败笔不断,可能是有些大牌不可避免的毛病吧。

教学楼南向外墙的遮阳板,是以型钢作支架配以青瓦组成的,层层叠叠,虽略显粗笨,却有江南屋檐的韵味。在参观过程中,不时能见到被王澍称之为"太湖屋"的东西露出墙外,甚至在天井中也不断地出现,令人在"能指"与"所指"间捉摸不定。太湖石在园林规划设计中,起点景或阻隔视线、美化环境、衬托景观建筑等作用,它是奇特的、纯自然的造型,可以说是世界上最早的抽象雕塑。王澍将它进一步抽象化、图案化并运用到建筑设计中,的确是一个创造,但天井中的"太湖屋"内设楼梯比例尺度也欠考虑。还有,教学楼的入口门厅,由一单片墙与建筑内墙组成,顶部下垂一漏斗状混凝土构件,似有模拟向内四坡的江南天井?又不像是,同样令人在"能指"与"所指"中难以"确指"。记得我在法国参观了屈米的拉维莱特公园,那是他"解构主义"的成名之作:几十栋称之为"浮列"的东西以矩阵布局,那种似建筑又不是建筑的物体,看了之后,不知所云。解构主义者总是采用欲说而止的手法,留下一堆问号,让观者去猜想,并以此作为他设计的补充,王澍是

象山校舍

王澍参加意大利双年展作品

否也在步屈米的后尘呢？

  为了使外墙具有时代风格，王澍在外墙上用了两种挖洞的方法。一种是带有他自己风格的任意形状，无序甚至无道理地布置在墙上。如果从室内的角度来看这些无规则的洞口，真有点令人哭笑不得的尴尬。另一种挖洞法在宁波博物馆外墙的设计中也有大量的使用，这种构成法起源于19世纪俄罗斯艺术家陶爱斯保的抽象画"俄罗斯舞蹈的韵律"。后来密斯·凡德罗受其影响在自己的设计中加以运用和推广。在当今世界的时髦建筑中，也有这种构成法的身影，不过前辈比今人做得精细得多。

  王澍在象山校舍设计中，同样采用了大量的旧砖瓦，组成了"瓦片墙"，也采用了瓦片来做屋顶，这不仅能引起人们对江南的怀旧情绪，同时也符合当今绿色建筑所极力推荐的建材复用的主张。遗憾的是象山校舍的部分屋顶，旧瓦片竖直摆放在屋顶结构层上，防水保温层当然在它之下，无形之中给屋顶凭空增加了多余的重量，为了达到重复使用旧建材来引人注目的目的，作出如此大的牺牲，值吗？！何况屋顶排水设计有问题，天已晴，瓦屋顶的竖缝中的水仍往下流，檐口无天沟，也无滴水，结果可想而知。再看一下总体布局，希望从中能学到王澍是怎样与江南园林结合的，可半天看下来不知所云。中国的园林艺术，最大的特点是人造一个自然景观并加以微缩，园林布局是以景为主体，而园中建筑只占次席，是单体建筑设计群体组合的布置方式。这种组合中，多以曲廊、敞厅、小桥、亭台和绿化串接，园林小中见大，建筑玲珑别致，与超大型建筑无关，在王澍的设计中并未见到他想要的结果。无独有偶，前不久，我参观了贝聿铭先生设计的苏州博物馆，贝氏对苏州园林艺术的认知，绝对在国人之上，他采用最现代的建材做出江南传统建筑的神韵，令人叹为观止。王澍曾说："这些年我主要的工作就是试图通过一些示范性的创作，能让大家看到，我说的中国人文价值观，建筑应该是如何做的，城市该是如何做的……"把这句话放在贝聿铭先生的嘴上说是不是更为得体？

王澍探索的是如何在超大型建筑中融合本土化内容的难题，在众多的探索者中他只是其中的一人，人们可以从许多的设计中寻求不同时代的特征，可以找出"固体历史"所叙述的不同的故事，它可以是连续的，也可以有很大的不同，不要轻易肯定，也不可以随口就否定，城市设计也不存在着领袖，也不会有不变的"示范"，每一位哪怕是伟大的建筑师，都将毫无例外地湮没在这城市建设的长河之中。王澍的"本土"也不例外。我相信，建筑语言的表达方式可以有多种多样，但人类对真、善、美的追求是一致的，只要你设计得好，不管你是"中国猫"还是"外来猫"，我们都一概欢迎！一枝花再好，也不能撑起整个城市。

近期普利兹克奖的人选多是另辟蹊径的弄潮儿，王澍放下儒

宁波博物馆外墙肌理

屋顶漏水

象山校舍连廊

者的姿态,勇敢地加入到"不按套路出牌者"行列,实在是可喜可贺。王澍是有真才实学的建筑师、学者和教授,但不是完人,就像其他走在前面的建筑大师一样,他们提供了一些新的建筑观念、新的建筑艺术取向,具有超前性和探索性,但要清醒地认识到,走在最前的不一定是最好的。要学会欣赏别人,扎哈曾说,能欣赏别人也是要水平的,不知王澍作何感想。

  对于传统与现代、本土与异邦或者说同质化与异质化的问题争议不断,在我看来有些多余。中国几十年以来,由于众所周知的原因,一度进步缓慢,宝贵的时间都花费在"是中餐好还是西餐好"的争论上,造成建筑界"空间资源紧缺和时代语言的缺失"(沈金箴《更加国际化的建筑,更加开放的中国城市》)。作为国际级的大城市,如北京、上海、广州、深圳等,需要一些新的理念来引领城市建筑业的发展,以新的设计手法来体现中国城市的精神和走向国际的雄心。我们的视野应注目于国际，并以全球化的设计理念加以支撑。国际化从来不排斥本土和地域的特点，过分强调本土的特点，而且挖掘的只是表皮，会阻碍建筑艺术的前进步伐。何况一个城市的形成有千百年的发展史，它不是某一个人，也不会是一个时代的人所能造就的。城市没有作者，城市饱含着多元化所铸成的物质文明，是经过上百年、上千年逐渐形成的。

本土化和国际化的问题多少人也在探索，永无止境。因此王澍等建筑师要走的路还很漫长，真是"路漫漫其修远兮，吾将上下而求索"。在这个光怪陆离的世界中，个性在许多国家和地区得以充分地发挥。西方的建筑艺术界以独辟蹊径为荣，甚至故意反已有的规则而行之，对待事物非此即彼，毫无过渡的意思。中国讲究不温不火的中庸之道，即使是对异质文化。唐代书法家孙过庭也总结出"违而不犯，和而不同"的观点，"和"即为对立的统一，"同"是单一的抽象统一，指的是中庸。传统的中国不排斥外来的东西，都可以融合统一，折衷一直占着上风。可见，东西方所遵循的哲学不同，建筑师所持的设计理念必然有着不小的差异，于是这个世界的建筑必然是多维的、多样化的。不少普利兹克奖获得者，包括扎哈·哈迪德、库哈斯·盖里也包括王澍在内，都在自己的领域中不断地探索。他们至今活跃在建筑界，成绩斐然，他们存在，就有能够存在的理由。王澍既然承认当前建筑界是多样化的，那就没有理由否定当今的城市建筑，贬其为"垃圾"。

中国地大物博，建筑师多如牛毛，只有王澍冲出国门迈入国际，领取建筑最高奖项，其原因是他的性格中具有不羁和任性，有不安于现状寻求革新的气概，有孜孜不倦的求索精神，有勤奋好学不惧劳苦的品德。他有资格获得荣誉！记得有一位名叫萨尔·都普瑞的学者说过："如果你踏着别人的脚印走路，你就不会留下任何痕迹。"我们是属于走路不留痕迹的人，只是在求温饱中做设计，而他们是在创新，个中不难悟出：一种是伟大，一种是平庸……我想。

本文作于2013年元旦

建筑与航天

现代化航天城
设计纪事

　　1999年11月20日，中国航天迎来了一个将永远载入中华民族史册的日子。"神舟"号飞船从酒泉卫星发射中心呼啸升空，次日凌晨在内蒙古中部预定地区成功着陆。它标志着我国载人航天技术取得了历史性突破。

　　2001年1月10日，"神舟"二号无人飞船发射成功；7天后在内蒙古中部预定区域准确返回；其技术状态与载人飞行技术状态基本相同，实现了新的飞跃。

　　2002年3月25日，"神舟"三号飞船再次满载着中国人飞天的梦想飞向太空。时任中共中央总书记、国家主席、中央军委主席江泽民，在发射现场观看了飞船发射的全过程，他高兴地向全体参试人员表示最热烈的祝贺和深切的问候。在宽敞明亮的指挥大厅里，他豪迈地说："这是我国航天事业发展史上一座新的里程碑，充分体现了中华民族自强不息的精神；充分反映了社会主义制度集中力量办大事的优越性；充分证明了中国人民有志气、有能力屹立于世界之林。"

　　载人航天是人类开发利用空间资源的重要手段。自1961年4月12日，前苏联把加加林送入太空以来，载人航天一直是当代世界科技史上最动人心魄的乐章。发展载人航天也就成为世界大国综合国力的重要标志。

为了发展我国载人航天的科学事业,1986年邓小平亲自倡导制定了我国《高技术发展计划纲要》,将载人航天技术的预先研究工作列为重点发展项目。1992年江泽民主持召开了中共中央政治局常委会议,作出了实施载人航天工程的战略决策。由此掀开了中国载人航天新的一页。

根据党中央、国务院的战备部署,一座包括载人航天指挥系统、空间技术研制试验中心、航天员训练基地在内的现代航天城(代号921工程)在北京西郊破土动工。当时由于保密需要,整个工程的设计工作全部由中国航天建筑设计研究院承担,并任命我担任了这一工程的总建筑师,使我有幸参加了921工程的设计任务。

921工程确实是一座名副其实的现代化航天城。在这里,不仅要完成卫星或载人飞船在地面上的组装成型,而且要对成型产品进行一系列模拟太空环境的试验。因此,进行飞船组装和试验的厂房、实验室等建筑物,不仅都要具有特殊的性能和很高的科技含量,而且都采用世界领先、国内罕见的尖端技术。比如,洁净厂房,在我国电子行业、医药行业并不鲜见,但其设施大多属于小型的、局部的,像921工程这样建造大其几倍、几十倍,甚至上百倍的超大型净化厂房,在我国尚属首次;再如,电磁波和声音零反射的大型试验室,这是模拟太空里所具有的特殊环境,模拟小的空间还较容易,但像921工程这样大到几百、上千平方米的试验室,对外既要防止电磁波、噪声的侵入,对内又要百分之百地吸收,其设计难度可想而知。此外,超大分贝的噪声模拟室,模拟太空超冷和高热的环境设备,不含一颗铁钉、磁性为零的特殊厂房,模拟发射时的振动环境等特殊要求,更是对我们设计人员业务素质、知识积累的大检验。

如此宏大的建筑群体，如此复杂的工艺要求，如此光荣而艰巨的任务，使我们每一个设计人员都深深感到责任的重大、担子的沉重。当时如果设计时间相对宽裕，或许会减轻一些我们心理上的压力，但是工程项目急需上马，因此上级领导给我们的设计时间十分有限。从总体规划到初步设计，从初步设计再到施工图设计，不说大量的高精尖技术运用需要反复地斟酌、思考，仅上千张图纸设计，按较高技术水平人员的工作进度，一般也需一年左右的时间，但提供给我们的设计时间只有几个月，并且下了死命令，某月某日之前必须交图。记得大学时我曾看到这样两篇资料：美国好莱坞影视城的美术馆，设计大师迈耶前后用了十四年的时间，反复推敲、反复琢磨，不断修改、不断完善，最终拿出了一组让世人瞩目的经典作品；美籍华人贝聿铭，从事法国卢浮宫扩建工程设计时，为了在玻璃金字塔中构造"一个看不见的结构"，请十几位设计师花了四年的时间，才研究出一种轻型结构，满足了"看不见结构"的要求，而卢浮宫也因此一举成名。921工程的工艺要求、技术含量，与好莱坞影视城、卢浮宫相比并不逊色，在有限的时间里，要想一举攻克诸多的技术难题，确实是一件难上加难的事情。

　　但明知山有虎，偏向虎山行。接受任务后，我们二十几位不同专业的工程师抱着为国防建设、航天事业拼搏奉献的决心投入了工作。在长达数月的时间里，我们几乎没有休息过一个节假日，没有一天是按照正常的作息时间下班的，就连一日三餐也是坐在设计桌前，边吃边干，用夜以继日、废寝忘食形容那段工作的日日夜夜，丝毫没有夸大、虚构成分。不少年事已高的专业总工程师，每天一拼就是十余个小时，有时加班到深夜，住家远的，就在单身宿舍睡几小时，其中的酸甜苦辣，只有他们心中最清楚。负责强电的工程师刘薇，小孩感冒发烧，持续不退，但为了921工程，她没有在家照顾一天，每天上班孩子总是拉着妈妈的手不愿松开，他知道再看到妈妈总要等到第二天早晨，看着孩子烧得通红的脸蛋、含满泪水的双眼，刘薇心中真如刀绞一般疼痛。负责暖通专业的工程师张玉民，一人挑起了洁净厂房空调系统总设计的重担，为了攻克技术难关，他翻书本、查资料、到现场、看实际、访专家、广求教，累了在面包车上打个盹，饿了在街旁小摊上吃碗面，人瘦了几圈，体重减轻了几公斤，但他毫不在意，依然忘我、勤奋地工作着，终于解决了一道道难题，拿出了一整套响当当、硬邦邦的设计方案，得到甲方的高度评价。诸多带病工作、刻苦钻研、不计报酬、埋头苦干、舍小家顾大家的动人事迹，在921工程设计阶段可以说是层出不穷，举不胜举。

在建筑、结构、暖通、水电以及造型、环境设计上，我们始终坚持一丝不苟、精益求精的原则，不仅确保每座建筑、每个部位的设计都是精品，都能满足飞船研究、试验工艺的最大需要，且力争以最少的投入，创造最大经济价值。比如，在净化厂房空调系统设计时，如果采用传统模式来设计，既省心，也省力，但客观效果不够理想，且造价高、耗资大。为了达到厂房净化的标准要求，为国家节省建设资金，承担空调设计的工程师针对传统模式存在的不足，大胆提出了一系列技术改革、创新的设想，结合工艺要求，分别拿出传统模式和新方法两套设计方案，从效果、质量、节能、造价等几方面进行分析、比较和论证。经过反复修改和完善，终于拿出了一套配置最佳的设计方案。工程建成后，经实践检验，此方案不仅完全满足洁净厂房的标准要求，而且为国家节约了数百万元资金。再如，针对921工程是座充满高新技术、充满时代气息的现代化航天城的特点，我们在建筑造型设计上，完全抛弃了过去只讲功能、不注重人的因素和不讲究舒适美观的旧习，借助现代艺术设计的手法，进行空间设计，力争使这座航天城披上个性独特、气派非凡、璀璨夺目的新装。具体设计中，我们将若干个大型厂房、实验室及研究、办公用房，进行有机组合，并用一条十二米宽、十万分之一洁净的通道将它们串联起来，用灰蓝色和灰白色对比色彩加以衬托，形成轮廓丰富、规模宏伟、错落有致的独特风格，好似一条彩练把颗颗明珠连在一起，并镶嵌在绿色的地毯上，使人一走近它，就感到有一种令人振奋的精神动力，就有一种享受艺术、享受自然的美感。

  经过数月的紧张工作，921工程的设计任务终于按期完成了，紧张的建筑施工随之全面铺开。由于工程过于复杂，许多部位的施工需要我们现场配合，进行进一步的技术交底。于是，我们刚刚放下绘图笔，就又踏上了往返于设计院与921工程工地之间的奔波之路。对此，由于职业特性，我们早已养成习惯，同时为了确保921工程的建设质量，我们都把现场配合作为义不容辞的责任，保证做到工地需要，随叫随到。但说时容易做时难，设计院与921工程相距近40km，不用说大家手中还有许多其他工程的设计任务，仅往返一次的路途，就需半天。春秋时节气候宜人，还较舒服，冬天坐在面包车里，如冻冰棍儿，夏天坐在车里，如进烤炉，真有点太空环境试验的味道，只是所试验的不是航天器，而是平凡的肉身。一次在赴工地的路上，恰恰肚子不争气，车至中途，急于出恭，但一路荒郊野外，哪有厕所，看到我难受的样子，全车人都为我着急，好不容易碰到一个厕所，司机急忙刹车开门，我一溜小跑奔了进去，再晚一两分钟，可就出大笑话了。

  现场配合，虽不像搞设计那样劳心费神，但无论高空、地下你都得爬，都得钻。尤其是921工程各种管道、电缆多得难计其数，为了检查地沟管道、电缆的铺设情况，需要下去实地查看。这对我一个年逾花甲的老同志来说，又是身体素质的考验。一次我弓着身子在地沟检查，累得腰又酸又疼，检查完成好不容易挪到前方的出口，立即探头，两手一撑，就往上蹿，谁知洞口露着一根长钉子，头顶被钉子划了个大口子，流血不止。到医院缝了四针，才把血止住，幸好脑部神经没受伤害。

经过设计、施工、监理、甲方的密切配合和努力，航天城工程如期竣工，按期投入使用；经过应用的检验，921工程荣获部级优秀勘察设计奖、国家优秀勘察设计金质奖。这既是对我们设计人员工作的充分肯定，也是对我们的最大鼓励和鞭策。

大建筑师路易·康曾说："当你建造了一座建筑物，你就是创造一个生命。"看着蓝白相间、错落有致、气派宏大的航天城，我们真是从内心深处倍加喜爱，总有一种难以言状的冲动，只要一有机会，我们会不厌其烦地走近它，端详与欣赏。虽然它不是完美无缺的，但它注满了我和我的同事们全部的真情与心血，这是我国自己设计、自己建筑、具有国际一流水平的现代化航天城。

航天城的建成，缩短了我们实现载人航天梦想的距离，作为航天人，我们倍感高兴和自豪。现在我们的飞船已经把炎黄子孙送上了太空，用无数个椭圆形的轨迹，围成"中国"两个顶天立地的大字，向全世界展示我们伟大祖国的繁荣富强，展示中华民族的伟大复兴。

本文发表于北京市丰台区政协文史资料委员会编写的《丰台文史资料选编》（航天文史资料专辑，2005年10月）

在城市化进程中航天企业大有作为

2013年底，中央召开了城镇化工作会议，提出了"京、津、冀、长江三角洲和珠江三角洲的城市群向世界级城市发展"的伟大战略目标，给前进的中国展开了一幅辉煌的蓝图，令国人振奋。相信，在不久的将来，全世界都会惊奇地发现，在东方的地平线上，将升起一群崭新的城镇和具有国际水平的名城。我们也这样期待着。

城市化是一个国家向现代化迈进过程中的必然趋势。据统计，1978年我国城镇人口是1.7亿人，到2012年已发展到7.1亿人。这就意味着随着社会不断地发展，农村向城镇流动的人口是逐年递增的，流动的同时，城镇必然不断地兴起也不断地扩大，国家城镇化的比例也随之增高。

一个城市的兴起和发展，是由多种因素促成的，首先往往是商贸的发展，或者发现了矿源，形成开采业和工业，再经千百年逐渐形成。可以这样认为，城市的发展很少能够在短时期内完成，不能指望在一夜之间就有一座城市产生。城市的规划，也不可能是一个百年不变的神图，城镇都是在不断地发展，随着新的规划设计理念而不断地修改和完善。因此，每一个时间段，都会有新的内容加以充实，于是城市的发展就变得十分漫长。人的寿命有限，在历史的长河中，只是很小的一段，因此，城市当然不会是一个人策划完成的，更不会是某一位建筑师的佳作。城市没有作者！城市的发展虽然是一个长期、缓慢的过程，但也不会排斥中间有加速的一段。由于社会的经济、科技和生产会在某一时期发展迅猛，这时城镇化的速率必然加快。今天的中国正是处在社会经济高速发展的良好时期。

一座城或一座镇在高速发展的同时，会受多项因素的影响，如水文地质、环境气候、能源供应，还有城市的配套设施、水陆交通、管理水平以及文化底蕴等。忽略任何一种因素都会产生"城市病"，如能源短缺，直接影响居民的生活和工业生产；水源不足，就只好"南水北调"了；还有，汽车数量猛增，人们的生产与生活分隔两地，城市干道车流如洪，堵车严重的同时加重了空气污染。这种过度开发或者仓促之下跟风盲目发展，会有不少矛盾产生，形成多种"城市顽疾"，整治起来就需要大量的人力和物力，其开销是惊人的。

城市需要不断扩大，新的城镇也随之不断涌现，为了不产生"城市顽疾"，就需要各级有关领导，特别是省、市、区、县级的领导头脑冷静。城市建设既是科学也是建筑艺术，要有相关专家直接参与，以科学的负责的态度面对这一发展的热潮。

城市发展要走生态发展的道路，特别是新兴的城镇更要强调这种发展途径。国外在这方面有许多经验值得借鉴。如果要建一个小镇，选址以靠河湖为理想；开发的同时，应注重居民就近就业；镇内配套设施齐全，人们就可以通过步行或骑行前往，解决居住、工作、餐饮、购物、休闲娱乐、教育、就医和使用文化设施等需求。居住小区如果能满足一切需求，人们就会尽量减少去城中心办事，城市干道的负担就可减轻，道路也随之缩小。生态小区变成生态小镇，多个生态小镇的组合配以市中心区就是一座生态小城了。科学地规划和因时因地、以人为本地建设，是城镇发展不可忽视的准则。最近，看到一篇报道《应避免美国主流城市化模式》，警告我们："如果数亿农民大规模挤向大城市，由此造成的社会和生态影响无法估量。"所以，已实现现代化的农业小镇仍然是当今发展的主体。

当前，全国许多地区，已经闻风而动，纷纷开展城镇规划设计。例如河北金山屯城镇规划设计由日本SAKO建筑设计工社负责；山东小城镇石横镇、邹平县魏桥镇由德国巴伐利亚建设部门与德国尤根乌泽尔设计事务所等合作设计；新疆昌吉、天津车丽区小城镇、成都周边城镇、上海金山枫泾新镇区采用北美城镇规划元素；英国皇家城镇规划协会访问团前往南京探讨城市规划。

显然，国外的同行早已嗅到了新的信息并且付诸行动，值得我们深思。

从20世纪60年代开始，航天有关单位就已经为我国的城镇建设作出过很大的贡献。这是因为航天的科研和生产基地多建在城市的远郊区，或远离城镇的山区。在一片荒地里出现一个现代化的基地，必然带动周边地区的经济发展，同时也使一部分从事农业的人口转向服务业，一座新的城镇逐渐形成。当基地刚开始建设的时候，周边与之相关的城市规划往往处在自由的甚至是无序的发展状态，乱拆乱建现象时有发生。这就需要当地的航天建设单位在新建或扩建项目时，除了考虑自身的规划建设，还要与当地有关部门协商，共同开发。于是，航天建设单位要结合当地的环境特点，除了满足自身业务需要外，还要让这些山区新镇在发展之余，能够"融入大自然，让居民望得见山，看得见水，记得住乡愁"，使其走向正轨。

作为航天系统唯一的综合建筑设计单位，中国航天建设集团有限公司有责任、有义务、有能力协助航天两大集团在完成本部任务的同时，共同在推动国家城镇化的工作中有所作为。我们集团公司拥有全国一流的建筑设计和施工专家，在工业与民用项目上有着丰富的实践经验，其中有些技术能力已走在全国的前列，长期以来，已为航天系统内外设计和建设了大量的工厂、先进的实验室和配套的公共建筑，建成了众多的尖端生产基地。随着航天事业的发展壮大，我们也是从零开始逐渐成熟起来的，航天事业有今天的辉煌，当然有我们一份功劳。作为航天系统的一分子，我希望在完成航天系统设计、施工任务的同时，与系统内部的各部门更紧密地结合，共同努力。面对中央制定的城镇化建设战略目标，发挥航天建设的技术优势，作出我们应有的贡献，对此我们责无旁贷。

建筑与航天

北京天文馆新馆、北京园博园、世界种子大会主场馆、拉萨群众文体中心、三亚湾红树林度假会展酒店……在这些看似毫无关联的华丽建筑背后,镌刻着一个共同的名字:中国航天建设集团有限公司。

(以下访谈《军工文化》简称"军工",赵祖望简称"赵")

军工:中国航天,是保卫国防的一支重要力量。在建筑领域,中国航天也一直保存和发展着一支生力军,请您介绍下建筑与航天的关系。

赵:谁能离开建筑?人们自远古以来就需要一个能够遮风避雨的栖所。即使到了人类能上天、入地、下海的今天,建筑也是高科技离不开的基础设施,随着尖端产品研制的快速发展,对建筑的要求也就越来越复杂,甚至引导了建筑中的一些组成部分向本学科的尖端迈进。在航天事业中,航天器在天上所遇到的环境,地上都要做出模拟环境的建筑,例如,需要极度的高低温,需要电波的零反射,需要超过100分贝的噪声实验室,需要模拟发射强震动的实验厂房,需要大空间的总装厂房,需要十万分之一和万分之一的洁净空间,以及模拟太空无电磁反射的零磁车间,等等。应该说在建筑科学的领域中,是需要突破已有的成就,才能满足航天工程的需求。

在国防和航天领域的建设中,航天七院(中国航天建设集团有限公司)先后承担了载人航天、探月工程、双星探测项目等重点专项勘察、设计、施工任务。载人航天、探月工程、高分专项等8项国家重大科技项目咨询、设计任务的承接,充分体现了七院"航天报国"的责任与使命。

军工:您认为,航天建筑在航天事业乃至整个国家的发展过程中充当着怎样的角色,作出了哪些贡献?

赵:为了使航天事业顺利地发展,20世纪50年代以来,特别是20世纪60年代初,中国航天建设的队伍就开始发展并不断壮大,各个有关学科的专家、学者组成一支规模庞大的建筑设计和施工队伍。航天基地发展到哪里,基建队伍就最先到达哪里,在无数的荒野山中,建起最现代化的基地,从生产到生活、购物、休闲一应俱全,它就是一个一个小小的城市。在这些"城市"中,我们力图将人类在世界上的活动对环境的影响减到最低程度,这正是最先进的城市设计理念。

当今提倡城镇化的宏伟目标,这是实现中国梦的一项重大举措,一个国家的城市化多是一个缓慢的发展过程,而城市的发展又与工业、商贸的发展息息相关,航天基地的建成无形中促使村镇作为配套的设施也在航天基地周围云集。不管你愿不愿意,航天事业的发展必然促进了城市化的进程,对我国迈进先进国家行列作出了伟大的贡献。

军工:"中国航天日"的设立是我国国防科普走向社会的重要举措,是传播军工文化的窗口,请您分享下身边的故事及其代表的军工精神。

赵:航天建筑作为为尖端事业服务的工程项目,工艺要求复杂、精准、实用,在大规模的高速建设过程中,如果没有高水平的施工图纸，没有尽职尽责的施工队伍，没有掌控有度的技术专家和称职的管理队伍，想如期完成建设基地的任务是不可能的。何况不少工程在国内外均不具备相关资料和实物作为参考，需要我们在不断探索中将难题一一解决，这就需要航天建设者们具有一种精神支撑，这种不可或缺的支撑就是令我国航天事业飞速发展的"航天精神"。

在航天事业发展的初期，由于各方面条件的限制，基地的建设事业困难重重。特别是在20世纪60年代的"山、散、隐"决策之下，基地远离了城市，在荒山野岭之间开垦着一个一个处女地十分艰难，如果没有不怕苦、不怕累、不怕流血牺牲的精神，要顺利、快速地建成是不可能的。

当年对基地建筑有一个指导性的设计理念，就是先生产后生活。而"生活"是包括居住、餐饮、购物、休闲等生活必需的内容，这些都放在次要的地位。当时正值"大庆精神"被广泛宣传时期，大庆的"干打垒"建筑也推广到航天基地。所谓"干打垒"就是用一种土法制砖的模具，将稻草和泥混合之后放入模具之中，脱模之后晒干，以此代替红砖砌筑内外墙。我们的航天工作者初期就住在这样的建筑里，冬不暖夏不凉，条件十分艰苦，却没有人吐过半句怨言。更有甚者，在"山、散、隐"的思想指导之下，生活设施必须隐藏在已有的农村建筑群中，以达到迷惑敌人的目的。这就给航天精英们带来了更多的不便，即使是这样，航天的基地照样高速度地建立起来，很快投入生产，有力地促进着航天事业的发展。

军工：在航天建筑发展的历程中，我们是如何通过不断创新打响航天建设的品牌，并将航天文化辐射到社会的？

赵：五十年的经验积累，在解决航天事业高难需求的同时，也锻炼了一大批掌握高水平技术的骨干和保证高质量的施工队伍。如同经过高山险滩的探险者回到舒坦的平地一样,这支航天建设的设计和施工队伍在20世纪80年代迎来了祖国的改革开放,随着社会主义市场经济伟大时代的到来,他们走向国内外的建筑市场。在完成国内工业建筑项目的同时,他们也设计、建设了大批民用建筑,较快地适应了民用建筑的市场。

以航天精神为本,以航天科技为支撑,今天的中国航天建设集团有限公司赢得了广大投资者的称赞,民用企业也可运用高洁净度的实验室,高隔声的演播厅以及娱乐场所也可以用上竖直风洞等航天独特工艺。

航天建筑技术在民用市场上被广泛运用的同时,航天文化中的建筑美学也随之流传到民间。经历了高难度的航天工程,民用建筑上的难点就变得容易克服,新的挑战也接踵而至了,那就是建筑艺术问题。

航天基地的创建,离不开建筑美学,广大的航天人,几乎要在远离城市的荒野中度过一生。作为建筑师,就有责任在使航天事业基地满足生产工艺的同时,为辛勤的航天人营造出一个美观、舒适的生产和生活环境。随着建筑科技不断地进步,也随着人们审美意识的提高,建筑师应该以最新的设计理念、最合理的现代科技,将新的航天建设项目做成真正的时代产物,它必须是实用、经济、美观的。

建筑学科的发展从20世纪30年代出现了现代建筑至今,已有七八十年了。不同的时代出现不同流派的建筑。近现代中国的建筑也从民国时期到中华人民共和国成立后的前苏联形式走向仿古建筑,等等。当前,正值建筑业发展的高峰,是以现代建筑为主导,但也出现如扎哈·哈迪德的自由倾向的建筑,可见建筑也是在与时俱进的。未来的航天城,将是现代建筑、与自然相通的自由曲线并存的建筑形式，建筑的科技也必将数字化、信息化、自动化。其形式也将与尖端的航天工程相匹配，从而形成新的航天建筑文化。

军工：航天梦作为中国梦的重要组成部分，对于激励民心、促进民族团结起到了非常重要的作用，作为军工人，你最想在首个航天日说的是什么？

赵：中国航天事业白手起家，历经六十载，至今天拥有了世界级的航天专家队伍。随着航天事业的发展也产生了一支精湛的航天工程建设队伍，在航天文化中注入辛勤的耕耘。今年，我们更加高兴地迎来了首个"中国航天日"，这鼓舞着每一位航天人，也鼓舞着每一位中国人，我们必将携手奋进，使航天文化走向国内外市场，走向更广阔的发展空间，共同为实现中国梦而努力。

本文发表于2016年《军工文化》

浅评集团公司第一届科技论坛

日前，集团公司举办了第一届"航天建设科技论坛"，其主题是"工业化、信息化助建新型城镇化"。其间，我们听到了中青年建筑工作者精彩的论文宣讲，就像一石击池，泛出了清新美妙的涟漪，使我们倍感欣慰和高兴。

信息化社会的到来，无疑给科技界和产业界带来了福音。BIM（建筑信息模型）技术已成最时髦的设计工具。对于较为复杂的工程而言，BIM起着技术保障和表达多变形体的作用，使复杂的形体具有可行性，特别是对建筑艺术的开拓，起到了关键的作用。

会上，我有幸听到青年建筑师马冶的研究报告，并以我所熟知的一个方案为例，谈到了BIM软件的应用。那是一个花瓣形的弧形建筑，这里不分析方案本身的优劣，就形体表达的制作而言，BIM软件的确有其独到之处。

当今建筑艺术在形体设计上已有所突破，以扎哈、库哈斯和盖里为首的国际级大师们，探索出一条走向自然的设计思路。他们采用先进的Rhino（犀牛）和BIM软件，在计算机上任意挥洒。如果没有这些工具，别说将它建成，就是绘图和结构计算都能成为难点。我在方案设计中，有时也想玩一把，遗憾的是无法正确绘出二维和三维的图纸。有幸的是我公司已有年轻的工程师开始在探索和运用这些软件作图，而且有了成果，实在是值得赞赏的。

马冶所作的综合体实现了曲体之间的连接，在连接的过程中，又有一些曲线的开口，图形就出现了多个关联体。这种带有任意曲线的关联体一般用二维是不易推演出来的，手绘只能表达意向而无法做出量化后的真实实体。尽管马冶设计的曲体还算是几何的、有机的图形，但如果没有BIM软件，仅凭CAD（计算机辅助设计）软件是难以做到的。

马冶是一位好学的建筑师，也可以说是我的门生之一。希望他在已有成绩的基础上，在方案设计中更加努力。在BIM软件的运用上，他是我的老师，但他离完全熟练地掌握BIM还有一段路要走。连扎哈都说她还在探索之中，何况尔等。话又说回来，建筑形体中，立方体无疑是基础，是根本的东西。走向任意的曲体，还得因时因地因项目的需求而定，千万不可头脑一热。

另一位走上论坛的是我公司结构总工程师伍胜华先生。伍总讲的主题是"绿色建筑，钢结构"。伍总在报告中列举了几个令人信服的数字：钢产量在我国已达7.1亿吨之多，但钢铁在建筑上的运用只占5%。而先进的国家，如美国，建筑的钢结构使用率已达50%，日本也是50%。伍总在比较和列举了钢结构作为绿色建材的优势之后，得出这样的结论：我国钢结构的运用，其发展的空间非常大。这点我有同感，随着社会科技和经济的发展，大空间、大跨度的公共建筑越来越多。在建筑艺术上，人们的审美意识也发生了根本变化。那种在自然界中探索得出的多样元素所组成的高科技建筑，绝不是传统的建材所能表达的。钢结构必然有着绝对优势，所谓高科技在建筑中的运用，最主要的是"结构的狂放施展"。一旦结构表现出它的完美使命，结构本身便升华为建筑艺术。由此可引申，未来的建筑艺术创作要以建筑和结构为主体，与水、暖、电、动等各领域精诚合作，才能创作出建筑精品。

当然，钢结构在我国能否广泛地在建筑中运用还取决于当前钢厂生产的建筑型钢的品种是否齐全，质量是否有所提高。我在设计广东阳江戏水乐园方案时，就遇到一个问题：项目的跨度为110米，甲方希望做成活动屋盖，为此我走访了多家有关单位，都说我国的钢材受温度影响太大，如此大的跨度卡死是必然的。还有防火问题，钢材抗火方面就是弱势。为此我请教了伍总，伍总说日本的新产品不用任何涂料就能防火。可见，钢材在建筑领域的运用广泛与否，远远不只是一个成本高的问题。我想，只注重产量"赶英超美"不是钢材发展的唯一方向，还应在多样化、高质量的特种钢材的研制上下功夫，这才是真正要做的事。

伍总高瞻远瞩地预见了钢结构的未来，很是感人。希望我公司的年轻工程师们都像伍总这样，努力钻研，不断求索，那么我们将会前途无量。

这次论坛还邀请了许多其他单位的专家，沈阳市现代建筑产业化管理办公室主任张波博士就是其中一位。报告中，张波博士介绍了当前国内推广建筑产业化的大体动向，着重介绍了沈阳市作为建筑产业化试点城市的一些经验，的确令我受益匪浅。

20世纪50年代我国提倡向"老大哥"苏联学习，建筑大量采用预制构件，特别是住宅，产业化可谓高矣。可惜那种单调简陋的造型、不安全的结构体系，很快在我国销声匿迹，大批的预制构件厂纷纷倒闭。现在又大力提倡建筑产业化，也就是预制构件重新启用。的确，在城镇化着力发展的今天，建筑的产业化是最理想的实现途径。建筑产业化省地、省钱、快捷，其优势不言而喻，但以往存在的问题不知是否已解决。为此，我请教了张博士，问：预制构件节点的安全性是否能达到整体浇灌水平？规范是采用新版的吗？

作过抗震试验没有？另外，个性化的建筑艺术在产业化中如何得到保证，其构件非标准能有多大的余地？在此非常感谢张博士的耐心回答。虽然疑虑仍然存在，不过我相信，以今天的科技水平完全可以满足多方面的要求。但是事情要做得踏实，否则，大地震一来，惨不忍睹！还有，扎哈·哈迪德等人所代表的设计风格在产业化面前会无所适从。

我公司二分院的青年结构工程师何金生在预制装配式停车楼的设计中做出了可贵的尝试，那么大的跨度和体量的预制构件还是少见的。我看到了他设计的梁柱的结点，觉得考虑得很周全。但对于这样的跨度和净重的停车楼为何不使用钢结构，那样不是更简便吗？关于现场预制，我也在内蒙古参与过，占地也很大的，不过相比大型构件这省了麻烦的长途运输，倒也值。

由于本人学识颇浅，不便在结构上说三道四，但我十分赞赏有作为的青年建筑师，对于他们孜孜以求的学术态度和不断求索的可贵精神，我十分地佩服，并要向他们学习。这种具有强大正能量的作为，对于当前我公司发展尤为重要，这种学者般的工作人员，才是我院的未来。

这次论坛有幸得到于喜国董事长、高峰总经理和窦晓玉副总经理组织并参与，这令我十分高兴。因为领导的重视使我看到了公司的希望。特别是于喜国董事长在会上始终仔细听讲，认真做笔记，很是可赞。

本次论坛是非常成功的，但有些遗憾的是信息量大而时间不足，因而很多问题探讨的深度不够；以及统计归纳多，个人见解少。这些都可以在今后得到改善，我由衷期待第二届的精彩。

随笔

我的航天路

一、参军

1960年底，当时的0038部队把我从华南工学院的教师队伍中调出，在不知任何情况之下，我到了北京，乘三轮车来回在钓鱼台国宾馆和甘家口寻找0038部队。由于保密的缘故，包括警察在内的路人，居然无一是知情者，多亏三轮车师傅突然想到靠近阜成路有部队，才找到这里。刚走到现航天部门口，出来一帮首长似的人物，问清了我是到0038部队报到的，立刻表现出亲切的态度并

参军时留影

要小战士把我带进了0038总部，即现在的106机关。经一个月的考察后，我被分配到一院，从阜成路到东高地的路上，房子不多，特别是走到今天的二环向南的地方，放眼望去一片农田和破败的村落，看到这种环境当时心凉了半截，心想我是学建筑学的，将来应是建筑师，现在要我到部队（我以为是个野战部队），那不是要我设计兵营吗，那一排一排的兵营还需要建筑师吗？带着这种不安的心情来到了一院。接着是参军，发军服、大盖帽、黑皮鞋。

我们这批大学毕业后才参军的人,"真正军人的不是"。当时军风纪要求十分严格,王府井地区纠察队最多。有一次,穿上新发的军服,上下仔细检查之后上街,我一个人时,走路是很快的,不久,只见一个戴红袖章的士兵跑步赶到我的前面,立正敬礼说:"同志,请注意军风纪!"我早先已被纠过几次,这次这么小心还有问题?心中很不满,回了一句:"怎么还有问题?""你军服的袖子不应反卷。"这时,我立即放下袖子,像京剧里甩水袖似的一边甩一边不满地说:"难道这样好吗?""袖子应向内卷。"他平静地说。随后要了我的军官证,记下之后放走了我。第二天早上点名,指导员喊:"赵祖望出列!你昨天犯了什么错误?""没有!"我早就忘了曾被纠察过一事。"没有的话怎么名字到了我这里?"他很客气地批评了一下,"下次注意。"什么下次,我们这帮人聪明得很,出营门把军衔帽徽摘下,上街吃冰棍都没人管,回来时将军衔帽徽安上,从此就成为"最遵规"的军人。

二、初建四院

在一院基本建成时,我被四院点名去内蒙古,服从命令是军人的天职,头天晚上,一院周静宜副院长找我谈话,说:"你是这里的红人,我也舍不得你走,但任务需要你,只好放人了。"我二话不说,第二天就去四院报到,这一去就是十六年!

刚去四院,第一次到现场的只有我们六个人的先头部队,我负责水泵站的建筑设计和施工,带着简单的行李乘大卡车直赴现场。到达目的地,满眼都是土黄色的干沙地,汽车走在土路上扬起一堆黄尘,几个当地小孩大约很少见到汽车,不管灰尘多大,跟着车跑。有时能看见像老鼠一样的动物,在洞口站起来,举着前肢看人，等你一走近，又飞快跑进洞里。就是在这片干燥的黄土地上开启了固体火箭的新篇章。

基地建设火红地展开了，试车台的位置设在一个冲沟里，浇灌这样大体积的混凝土要三天三夜的时间，当时的住房是帐篷，时逢夏天，在闷热的帐篷里并不好受，老乡一再警告，不要把脚露在帐篷外，否则会被狼啃了。开始我们没有把这话当回事，直到有一天一位工人晚上上厕所，所谓厕所就是一处冲沟，正在方便时，只见一只狼，睁着一对发光的眼睛从他的身后绕过来，他见状大喊救命。狼大约受了惊，暂时离开了，不一会儿又绕了回来，工人被吓得滚进屎尿成堆的冲沟里，那种深夜凄惨尖叫，惊醒了众人，齐出来赶狼，救起那位倒霉的工人，他的狼狈状可想而知。我们就这样与狼共舞了十几年，与黄土干杯了十几年！

大批人马要进基地了，当时建房有两种指导思想，其中一种是学大庆"干打垒"精神，我们的家属住宅一律是土坯打成的方砖建的。打土坯砖是非常辛苦的事，一天干下来累得受不了，建起的房子一下雨，墙就有垮的危险，冬天内蒙古零下40多度，又没暖气，靠生炉子取暖，其惨状可想而知。我们的生活区必须建在农村内以迷惑敌人，其实敌人迷惑不了，倒是害得我们经常被盗，种种不安全因素使得女同事害怕不已。所幸，这样的情况不到几年就有了改善，我们有了自己建的楼房，原来的"干打垒"都被村民占用了。"干打垒"的大庆精神似乎再也没人提起。

三、笔的故事

航天部的干部多是战争年代参战的干部，他们文化水平不高，却淳朴得令人叫绝。一次指导员来到我的办公室，见我桌上各种笔一大堆，他感慨不已，没想到他在一次全体会议上表扬了我："你看赵祖望多好学，看看他的笔，那么多，有学问！要向他学习！"听了之后我几乎笑出声来，因为我想起了候保林的相声：

"带一支笔是什么水平？"

"小学生。"

"两支呢？"

"中学生。"

"三支呢？"

"大学生。"

"一大堆呢？"

"卖钢笔的。"

大抵我只是一个卖钢笔的。

四、机电二局的朋友救了我一命

我的专业是建筑学，与尖端的技术风马牛不相及，但上级领导认为我很聪明，让我一个基建科的小头头调到技术科任科长，管产品型号，这可是难为我了，再三申辩也无用。固体型号、装药、整形、测试虽听闻了一些，却十足门外汉，一大串的有机燃料的分子式，看着都眼花，只能硬着头皮干。作为技术科的负责人，每次生产我都要到现场检查，要到我设计的遥控室去查看是否存在安全隐患。当时，立式搅拌机正在生产很硬的某型号燃料，我正要骑自行车去生产厂房，这时机电二局的工程师非要我回答他们拟建的总装厂房技术要求，我正在讲解总装厂房的设计要点时，突然一声轰响。开始我以为是军用飞机助推器的声响，不对！楼上的人疯了似的飞奔向厂区，我也向出事地点狂奔，我所担心的是遥控室，那是另一事故之后由我设计的，千万别倒塌了。等我赶到出事厂房，只见厂房炸平了，基础都翻了起来，赶忙进遥控室，见工作人员安全，这时心中情感直泄，冲上去与他们拥抱，我们全都热泪盈眶！遥控室的门窗因爆炸所形成的压力已向室外倒去，室内一切未变，不幸中的万幸！如果我不是被机电二局的人留住，按时间推算，我骑车到厂房附近应正好碰上大爆炸，那我也就"光荣"了。

五、到七院

1980年内蒙古四院基本建成，为解决两地分居问题，我调回北京，进了七院，设计院终究与工厂不同，知识分子与粗线条的工人也大不相同，在这儿干好了会有人嫉妒，干得不好会被人瞧不起。我刚来的头一两年拼命干活，拼命学习，全要靠自己努力，晚上加班成常态，与此同时，繁忙的业务也让我得到长足的进步。这种近于痴狂的设计工作强度，随着七院的成长而大幅度地提高，34年来从未减弱。

20世纪80年代正处祖国改革开放时期，深圳成为改革开放的先锋，我院是最早打入深圳市场的设计院之一。置身于火热的开发热潮之中，一切都新鲜且刺激，凭着两年的设计锻炼和一个上好的身板，在深圳的几年可以说是玩了命了，每接一个新任务最多只有三四天的时间去完成。经常是下午接活，晚上一边裱图一边构思，第二天开始在裱好的硬图纸上绘平、立、剖和透视图，第三天或最迟到第四天交图并向甲方汇报，中间休息时间极少，这样高强度的工作持续了一两年，杨副院长称我为"拼命三郎"。在1965年及以前毕业的骨干力量的努力下，我院设计水平实际已名列前茅，这种状态一直到20世纪90年代，在北京、济南和深圳等地享有较高的威望，应该说这一时期是我院发展的鼎盛时期。可惜，之后的情况有点不尽如人意，甚至到2000年后还陷入低潮，直到新院长上任之后方起色，现在正稳步前行。

回想在北京、深圳、济南、大连、珠海、上海等地前后几年的工作经历，称得上轰轰烈烈，也留下一批成果和值得回忆的故事。总体感觉是：累并快乐着。

六、石岩湖畔的情思

深圳石岩湖温泉浴室落成标志着我的设计又走上一个新的台阶。在构思阶段，香港甲方非常热情地把我请到已建好的宾馆里做设计，某天半夜12点后，他们看见我还在设计似乎很感动，让我休息一下，于是他们开车带着我沿石岩湖逛了一圈。天空是墨黑色的，下着小雨，湖水是暗蓝色的，湖边羊台山上有点"树黑藏深雨"的诗意，只见一片黑色树丛的轮廓，汽车在无路灯的道上行驶着，忽然我惊奇地发现远处闪着点点的黄色灯光，"那是咱们的咖啡厅"，老板解释着。真的是万黑丛中一点亮，它显得那么孤独，却又如此地引人注目，使人产生一种道不明的遐思。走近一看是几幢茅草铺顶的小屋，内饰极为奢华和舒适，在这样的南国冬夜里，突现如此温馨的咖啡小屋，加上热情美丽的女服务员，真有点如梦如幻的感觉。两杯咖啡下肚，立刻精神百倍，回到宾馆，已是深夜一两点了，趁兴奋和那点浪漫的情调，一鼓作气做好了方案。方案里融入了十足的温情，这就是当时震动深港两地，引起多家报纸报道，被张爱萍提笔称之为"仙境"的石岩湖温泉浴室。浴室是由二十多个六边形单体组合而成，每个六边形设2～4个浴室，内含休息厅和小花园，室内设镀金按摩浴缸和按摩椅，十分考究。将每个六边形单体组合在高低不同的水池周围,形成三个水院,以中式园林手法布局景观,与西班牙式的单体造型组合十分契合,至今仍感味道十足!时值1983年,第二年石岩湖温泉浴室建成开业。

七、海边小狗

1981年,院组织一个小分队赴珠海,我们的基地就在海边,隔海就是澳门,凭我游泳的本领半个小时不到,就可游到澳门。每天清晨我们都到海边散步,时常看到一只小黄狗,我与它相处得十分融洽,我走到哪里,它就跟到哪里。我与小黄狗之间有一种默契:沙滩上有许多小螃蟹的藏身洞,只要我用手一指,它就用鼻子挖下去,不一会儿从它嘴里发出清脆的响声,一只小螃蟹就下肚了,我不断地引导,它信任地照做,乐得我忘却了一切,也成为我百忙之中的精神慰藉。有一天小黄狗不见了,在海边苦等了许久,不见其影,不知怎的,我有一种失魂落魄之感,中午吃饭的时候,大家闹着要吃狗肉,我突然意识到小黄狗可能已遇害了。说老实话,我生平第一次为一只小动物而痛哭!我出色地完成了珠海的设计任务,在繁忙中领略了特区的迅猛发展,也同时领悟到人性的恶劣。

八、邓丽君之歌

20世纪80年代初,虽然改革开放了,但"以阶级斗争为纲"的思想犹存,深圳热火朝天的建设和我们小分队的日夜奋战,使得我们既累又兴奋,唯一使我们精神得以放松的是听听邓丽君的歌。邓丽君以深情、委婉、动听的歌喉,唱出了人间的真情,那声情并茂的天籁之音,绝无仅有,实在是沁人肺腑。当时不便表露这种感受,只能当别人在楼外播放的时候,偷偷地听,有人来了,立刻趴在桌上绘图。一次,北京派政工主任赴深,对我们小分队宣讲港澳的歌是靡靡之音,深圳小分队是审查的重点,要我们自查。也特别问我有没有收集相关的唱片和录音带,我诚实地回答:"我没有收藏邓丽君的唱片和录音带,但喜欢!"并告诉他绘画中的裸体和民歌不是黄色的。其实邓丽君的歌,不久就风靡全国,"资产阶级靡靡之音"立刻成为民歌的经典,而邓丽君也成为包括领导们在内的很多人心中的歌后和偶像。现在回想起来,当时有些人不知是无知还是愚昧,演了一场闹剧,同时也反映出当时党内是存在许多空白的。

九、长途汽车站上的反邪镜

济南长途汽车总站的方案竞赛,是我院打入济南的第一个项目,结果我的方案很顺利地中奖。汽车站由一个60米直径的栱形候车大厅和一个宾馆组成,办公用房呈方形,与圆形大厅有机结合,功能合理,布局舒展,当时在济南还算是一幢好建筑。建成之后,

济南长途汽车总站

运转了一段时间，没有什么使用上的毛病。可是，有一天，我接到一个电话，说是出了一次车祸，请了风水先生，说我的设计是一墓一碑，意思是说我的圆形候车大厅是一个坟墓，那宾馆塔楼就是墓碑了，不吉利，要在宾馆楼顶安一个大的镜子，将邪气反出去，就可避灾了。我对风水学略知一二，认为有些是合乎科学的，但更多是迷信，是糟粕，竟然还有人信，弄得我哭笑不得，说明迷信在群众中还有很大的市场，愚昧的人群还是如此众多，反映出我们的精神文明建设与先进国家的巨大差距。追赶这种差距比物质建设赶超世界水平要困难得多。最后建筑是否装了反光镜，我也不想知道。接着组织了一个小分队，从回民小区开始，轰轰烈烈地展开新设计基地的设计工作，影响很大，好评不断。在这奋战的洪流中，我身任总工一职，问心无愧地、清清白白地、较为出色地完成了历史交给我的使命。当然也出现了一些不和谐的声音和行为，那不过是一个不足轻重的绰号，只是"一碟小菜"捣乱而已，被院书记痛骂之后，算是收敛多了。生平最痛恨的就是勾心斗角的人，比起这些人我要高尚纯洁得多！

十、因九龙游乐园的审批与规划局局长闹翻

1991年年末，我接到一个有趣的项目，水利局拟在十三陵水库建一个游乐园，不知是谁编了一个"九个龙子"的故事，据传发生在十三陵地区，于是该游乐园便顺理成章成了九龙游乐园。此园由日本大成株式会社投资，与水利局共同开发。日本人首先出了一个方案，建在水库小岛上，主体是单层八边形的重檐攒尖屋顶建筑，岛的四周圈以连廊，水下建表演廊直通岸边，主体带有很浓的日本和式风格。甲方不满意，后由我改成双层八边重檐攒尖阁楼，入口

九龙游乐园

改成清式单层庑殿式配以观赏平台。在这基础上，清华大学徐伯安教授改成九边三层重檐攒尖阁楼，入口改成勾连搭古建得以通过。其余的包括总图以及水下表演厅、1500人的传统餐厅和国内首个动感影院的设计方案和施工图均由我完成。报审时，规划局老总说怕阁楼高度影响十三陵库坝形象，谁都知道，看看剖面分析就可以清楚高度比例是否合理，但老总说给一个效果图，不要近景。这时一位日本主管设计的课长急了，躺到沙发上不走了，等批。这时我批评那位老总说了外行话，单体的效果图分析不出比例关系，争执不下，此事惊动了当时的市长，他派秘书到规划局，要我们不要争学术上的问题，说为了尽快解决问题，有必要行政干预了。最终决定原方案通过，我当然高兴，走过去与规划局局长握手，心想我以后还有方案要他们审批，并不想得罪他们，谁知握手遭拒。中国的建筑界，往往审批者脱离一线设计时间较长，却有生杀大权，不很合理吧？

　　十三陵建成后，被评为北京最受欢迎的民族形式建筑。与我合作的徐伯安教授多年前已去世，在此表示：安息，徐老。

九龙游乐园水上部分

十一、要命的长钉

  921工程是当时国内与三峡工程并列的三大工程项目之一，甲方给我们做方案的时间只有一个星期。这是一个极其复杂的设计，是以倒计时的方式来限制出图时间，其紧张的程度不言而喻，在工艺室的配合下，我们完成设计方案草图并获得通过。施工图是两位老同志带领一帮刚毕业的青年人设计的，由于赶工，错误真不少，所领导要我配合施工，那么多的问题需要我到现场解决，于是每个星期至少三天都得坐闷罐车似的面包车去工地。两年多下来，收到设计变更通知书一大堆，工程也总算是建成了，要竣工验收了，我得从地上到通行地沟逐一检查，一次到高1.5米的半通行地沟检查管网，在地沟弓行得久了，就从出口井爬出休息一下，那井口宽度正适合我撑上去，省得走竖直爬梯。我用双手按住井口，用力一撑，只听头顶一声闷响，血立刻沿脸流下，上去一看，距井口50多厘米处有一长钉向井口伸出，正好碰头！到医院缝了几针，无甚大碍，回想起来，真有些后怕，万一碰得再厉害些，把脑壳碰穿了，那后果是不堪设想的。

十二、激战长春一汽研发基地的三天两夜

当时还是一所所长的窦总，急召我接一个紧急任务，长春一汽拟在青岛建一个研发基地，内容包括2万平方米的办公楼，模型的木材粗、细加工间，模拟驾驶实验室，色彩灯光调配厅，以及设计所工作室等。由于三天中还包括交通所需的时间，分秒都是极其珍贵的，我与助手霍春龙立即登机，在飞机上我就开始构思，快速设计是我的强项，为了做出与一般厂房和实验楼不同的设计，我决定化零为整，改变单栋排列的规划手法，运用综合的设计理念，将这些功能单体建筑组合在一个以六边形为母题的群体之中。飞机快到长春市机场了，我的构思草图基本完成。当接机的负责人时总带我们到宾馆时，我拿出草图，问了问工艺上的要求之后，立即开始绘制总平面图和平面图，当霍春龙绘正平面图时，我的立面图也画出来了，然后我绘正剖面图和各层平面图。第二天，效果图也由小霍快速绘出，写完说明已是第三天了，我们准时向甲方全体领导汇报。整个过程一气呵成，两人配合得天衣无缝，深得甲方的认可，但同时甲方提出还有几家设计单位来不及交图，问我是否同意截止时间后延一个星期。这时我的表态显得很重要，我想到如果拒绝就显得小气，不像一个大设计院的气度，于是我说："如果按竞赛规则，我们就算中奖了，因为我们按规定交出了方案，但我们也理解甲方的难处，同意延长一个星期。"这句话为我院挣足了面子，也表明了我们必胜的信心。最后，当然是我院胜出。每当我回忆起这

段经历，都开心不已，打开长春一汽这扇门的，非我们莫属！

除上述设计的故事外，尚有木樨园游泳馆、首师大图书馆和一院航天博物馆等高水平建筑设计背后的故事值得一书，限于篇幅，就不赘述了。

近几年，我对设计的激情有增无减，先后完成了上海世博会航天展览馆方案、青岛世园会温室方案、国家画院竞赛方案，还有正在设计的大连奥特莱斯和西安城市综合体方案，这些方案都是积累了几十年的设计经验而爆发出来的精品，有时间我会讲出更多的趣事与大家共享。

十三、还没有结尾

从20世纪60年代开始，到进入21世纪，在航天部辛勤耕耘了五十四年，经历了创业的艰辛，发展中的困难和曲折，也经历了"文革"的冲击，不良人员团伙的攻击及其带来的伤感，但回首时更多的是成功和工作过程的愉悦，作为航天事业的一分子，我为航天建设拼尽了全力，有过彷徨，有过成功的喜悦，有过方案被淘汰的痛苦，也曾受过伤害，但始终没有放弃努力和清白地、正直地为人。几十年的积累，技术上由初级到成熟，学术上由浅薄到功底深厚，现在正值创作高峰阶段，我渴望出成果，愿培养更多的高级人才，为航天建设事业贡献火烫的"余热"。扪心自问，活到现在，已是耄耋之年，本着一颗勇敢正直的心，在复杂的环境中没有虚度年华。有朋友问我何时不干了，我想起了大歌唱家多明戈回答过同样的问话："我不会比该唱的少一天，也不会比能唱的多一天"。把这句话变成我的回答就是：我不会比该做设计的少一天，也不会比能创作的多一天。

扎哈·哈迪德百日祭

随笔

2016年3月31日（一说是4月1日）英籍伊拉克建筑师扎哈·哈迪德不幸去世了。这个消息一时震惊了全球的建筑界，爱她和恨她的人无一例外地对这位传奇的"女魔头"由衷地给予了高度评价，成堆的溢美之词有如激浪，从四面八方涌了出来。在当今的世界上，对一位女建筑师如此关注，的确是绝无仅有的。

扎哈·哈迪德（赵祖望绘）

在她去世之后不久，英国皇家建筑师学会主席简·邓肯（Jane Duncan）评价扎哈："她留下的作品从建筑到家具，从鞋子到汽车，无一不令世人愉悦和惊叹。扎哈·哈迪德是一位灵感无限的女性，是那种其他人无法望其项背的建筑师，尽管年纪不大，但她那充满视觉想象和高度实践化的成果，令人敬畏。建筑界今天陨落了一颗巨星"。

我最早知道扎哈这位建筑师是在1982年的香港"山顶俱乐部"设计竞赛，扎哈中奖，当时的《建筑学报》上详尽地刊登了她设计的作品图片。说来惭愧，我认真地阅读了她的作品，但那犹如一部

"天书",始终没有看懂像炸开了的碎片和毫无规律的折线组成的图纸。虽然不能完全了解扎哈的设计理念,但心目中已对这位才女印象深刻,当时正值中国改革开放的初期,中外的设计观念还存在很大时空差距。这种有点自卑的心理一直到第二年,在建筑杂志上看到国外建筑师的文章,作者说扎哈经常画一些建筑师也看不懂的图纸。这时我才释怀,原来看不懂的不只有我一个人。

　　第一次获奖作品虽未实现,扎哈却因此坚定了走这条道路的决心。但幸运并未再次降临到这位才女的身上,在随后的二十年中,她所设计的作品居然没有一幢被实际建筑起来,人们并不理解这位天马行空的独行者。从她的设计可看出,初期她是以折线和斜线组合成复杂的空间,当参数化软件研制成功之后,扎哈的设计方向转向流动的连续不断的任意曲线,特别是1993年,她的首个被正式建成的作品——德国莱茵河畔魏尔镇的消防站(维特拉消防站)问世,立即引起了整个建筑界的关注。此时,扎哈年43岁,大器已成,之后她一发不可收拾,第四幢作品建成之后更是在2004年获普利兹克建筑大奖,成了当今的传奇人物。她那流动的有些怪异的设计造型和独立不羁的性格,犹如外星人降世,立即打乱了本就不平静的建筑界,一时引起众多的建筑大师级的人物纷纷出来品评,两种完全不同的观点将扎哈推到了浪尖。中国最先提出批评的是学院派的泰斗们,在1996年西班牙国际建筑协会上清华大学吴良镛很担心地说:"看到很多东倒西歪的建筑,不禁担心这股歪风是否吹到中国,畸形建筑将成为时代伤疤。"《城市中国》主编姜珺在《周末画报》上评价"她的作品更像一道入口刺激而又缺乏回味的快餐,她也因此成为了我们消费的宠儿",将读者和作者一并小嘲了一下。同济大学建筑与城市规划学院院长李翔宁言"只能提到形式美,很难说出更多思想的东西""这两位疯狂的当代建筑师(指扎哈与库哈斯）只是行走的道路不同，其实殊途同归"，将师徒二人一起批评了。但建筑需要什么样的思想恐怕李院长也说不清。日本的著名建筑师隈研吾也认为"这是把建筑作为生钱的机器而产生的奇形怪状，缺乏传统建筑方法和材料，产生了奇怪的立面和与人类生活不符的内部空间"，等等。

权威们的话不可不听。但静下心来，我又觉得对扎哈有些不公平，那是因为扎哈所营造出的建筑空间，远远地脱离了习惯中的柱梁结构所形成的空间逻辑，也远远地超出了许多建筑师对空间的想象能力，所以褒也好贬也罢，难说正确与否，那么，我们就应进一步探索扎哈成长的历程，以及维系其理念的缘由。

长沙国际文化与艺术中心

扎哈曾就读伦敦建筑联盟学院（Architectural Association School of Architecture），该学院继承着"图像派"的建筑传统，她的老师库克·库哈斯等人习惯将对自然的感受转化为他们作品的造型。他们反对旧有的观点，主张用自己视、听和心灵的感知去寻找现代主义的出路，从而营造出全新的室内外空间。这种全新的空间打破了已有柱梁体的秩序，并从中解放出来，采取与习俗不同的反向思维，从而产生新的秩序。

扎哈早年受至上主义者维奇和构成主义者康定斯基的影响颇深。维奇主张走"绝对"的道路，以简单的几何造型进行多种组合，营造出动感和空间感，维奇想以此不同凡响的抽象语言表达甚至超越可视世界，创造所谓艺术的"纯粹性"和"绝对性"。"绝对主义"属于绘画和雕塑的范畴，哈迪德首次在建筑中加以运用，从而表达出新时代的新的特征。

哈迪德在这种思想指导之下执着地进行她的建筑形象的探索，她认为可以尝试类似于自然的不确定的模糊空间，"这种模糊空间

盖达尔·阿利耶夫文化中心

北京银河 SOHO

随笔

比那些僵硬的空间更能激发人们,"她又说,"但不意味着我们放弃建筑学屈服于无理性的自然界。"从她的已建成的一些作品中不难看出,她极力创造富于动感和"失去重力"的飘浮感的作品。就以北京银河SOHO为例,连续不断的曲线将五个独立的建筑串联起来,建筑呈现流线形态,曲体在围合的院落之间来回穿梭,形成别有风趣、似隔非隔的室外空间。一如扎哈其他作品，在形体组合中已没有固定的透视灭点，或者说有太多的灭点，令观者无法在已有的方形透视习惯上去衡量扎哈的东西，于是产生晕眩感。扎哈的作品以不动的画面表现运动的效果，从而产生"动感"的错觉，形成前所未有的视觉冲击力。

　　扎哈是被公认的玩弄形式的大师，也不是每次都玩弄得很好，她有些作品本人也不敢恭维，但我们总不能只见其疵而忽视其成吧！

　　扎哈是一位完美主义者，为求作品更加完美，她每天工作15小时以上，每周工作达80小时，她说"我没有一天放过自己""没有完美主义强迫症哪能成为一个好的建筑师"，还说"建筑师都是疯子，当你熬夜筋疲力尽时你就精神错乱了"。她是一位十足的工作狂，作风是精益求精，她这样严格要求自己，也同样严格要求与她共事的员工，遇见怠慢者，就会尖声斥责，搞得员工诚惶诚恐，于是落下"女魔头"的美名。她与员工谈话中出现最多的一句是"还可以做得更好"，所以虽说她玩弄形式，但其实她是很严肃认真地在"玩弄"，这应该受到人们的尊重。对于批评她的人，她曾在王澍获得普利兹克奖的发布会上说"认可别人也是要水平的"，表现得十分自信。

　　自从我知道扎哈以来，就十分关注她的方案和建成的作品，在我的设计生涯的后期，不能说不受扎哈风格的影响，就世界的许多建筑师而言，或多或少都带有扎哈风格的痕迹，她在建筑界的影响力不言而喻。她具有一位成功者所应具有的一切品格：执着、勇于突破旧习、痴迷于专业、玩命工作、做事精益求精、过于苛刻地要求自己、在困难面前仍坚守自己的理想和追求。可惜她在唯美的追求中损害了自己的身体健康。在人们的心目中，她不漂亮，爱神也许会被她的个性吓跑，丘比特之箭遇上她之后，也不知拐向何方，但她以高尚的人格征服了所有人，在我的印象中，她是一位令人尊敬和令人爱怜的女人！

　　我并非她建筑风格的追随者，但对她的创新精神却十分敬佩，对她的执着和"拼命三郎"式的苦干作风更是佩服得五体投地。虽然对她的作品也并不全都认可，其风格也不会是建筑学的未来，但在建筑多元化的世界中，扎哈的作品绝对是百花丛中的一朵奇葩。如果再给她几十年的时间，她会创作出更多令人称奇的作品来，遗憾的是英年早逝，天宇也无语！呜呼！一代天骄就此陨落，愿她一路走好，不日也许我们能在天堂一见，或许会有机会共同创建精彩的作品？

本文写于2016年6月

追梦西藏

从兰州乘大巴西行,眼前都是土黄的色彩,带着混凝土的建筑匆匆而过。西宁是我们第一个到达的西部城市,蜿蜒的湟水河仿佛是一位导游,时近时远、不离不弃地指引着我们前往青海湖。路上的绿色植被逐渐多了起来,空气似乎变得湿润了许多,只听车内一声惊叫,远方突现的就是魂系在心中许久的青海湖吗?

如果将青海湖看成是浩瀚无边的大海,它却绝无大海白浪滔天的气势,更无巨浪击石所衍生出来的壮观水花;如果把它视为湖泊,它却如大海般辽阔无边,天海一色。它平静得如同止水,温柔得像母亲的胸怀,显得那么伟岸边,那么亲切,爱抚着每一位亲近她的游子。我久久地伫立在平坦的水岸边,聆听微波击岸的细语,忘却了城市的喧嚣和烦恼,深深地领略她的淳朴与厚道,静静地与这位"母亲"交流……

火车在无垠的戈壁滩上飞驰,那死寂的平川一路相随,我翘首盼望能从无际的沙海中发现生命的痕迹,但除了远处偶过的野驴外,毫无生机。天渐暗,在夜色笼罩下,整个柴达木盆地充满了可怖气息,也充满了诱惑。

途经安静、清洁、温馨的小城格尔木市,第二天我们直奔西藏拉萨,开始了真正意义上的西藏游。

拉萨,一个神圣的城市,古朴的街区之间铺设着新修的干道,再也不会出现神坛下的农奴了，西藏成了生机勃勃的古老而又新兴的城市。空气中飘散着藏香，第一次见到了那么多的藏族同胞，他们穿着色彩浓重的衣裳。满目红黑白三主色的建筑，让我充满了好奇。淳朴厚道的市民，热情地向每一位路过的人问好。更有许多虔诚的佛教信徒五体投地不停地朝拜，据说他们一生要这样跪拜十万次。就凭西藏信徒对佛虔诚的程度和固有的诚实品格，他们断不会弄虚作假，不会像有些大城市的人那样少做多报。没有谁在监督这些信徒，但是他们却那样自觉，那样一丝不苟，对于五体投地这般大运动量的动作，都严格地、认真地做下去，十万次啊！特别是体能不佳的老人、妇孺，看起来每次都做得十分艰难，却仍然不断地重复着同一个动作。我是一个典型的无神论者，但是十分尊重所有有信仰的人，因为无论是哪一种宗教，其教义都是教人为善的。很多宗教的朝拜方式同样虔诚，却容易得多，对于要做十万次五体投地的老者，我就想劝劝他了，信便行了，这样做又是何苦。

　　布达拉宫是一座神奇的建筑，早在公元七世纪藏王松赞干布时期，它就已建立在拉萨西北的红土山上了。

　　布达拉宫占满了整个山头，建筑造型依山依次向下错落，建筑高、低尺度主次分明。高达一百多米的台阶，呈对称曲折上升。红、黑、白的色彩搭配很有特点，主体建筑呈铁锈红，台基直延山下，墙身逐渐向外倾斜，呈白色，与暗红的窗形成强烈对比。红色的台阶扶手墙，依山退台而设，在白色的背景下呈线性自上而下斜向跌落，很有一种现代的构成美。入夜，布达拉宫周围空间漆黑，这时灯光照耀下的布达拉宫亭亭玉立，傲然于天宇，美轮美奂。真不知它的建筑师是谁，如果上天有知，我愿五体投地向他跪拜！感谢他为后人所留下的绝世佳作。

　　从拉萨坐车到林芝是一种无与伦比的视觉享受，林芝位于拉

萨东侧，是喜马拉雅山、念青唐古拉山及横断山脉的余脉汇集地，从海拔3600米的拉萨，经墨竹海拔5020米的米拉山口和海拔4515米的色季拉山口，到达林芝时海拔降至2800米。这段几百千米的山路有雅鲁藏布江及其支流尼洋河、帕隆藏布、易贡藏布等众多河流穿过。正是在这些湍急的河流数亿年的冲切之下，得天独厚的高峡深谷奇特地貌才得以形成。

沿着318国道东行，大巴停在了米拉山口，它是拉萨与林芝的分界线，大约是头天晚上下了一场雪的缘故，米拉山口及周围的山上已是白雪皑皑，大地肌肤苍白，山中间或会显露出深色的山岩，此时正值北京的盛夏，此处却依旧是寒冬。继而沿着尼洋河下行，河的两岸绿林叠翠，近山的森林呈墨绿色，稍远的山渐变成灰绿色。向远方深处展望，只见山山交错，层峦叠嶂，柔柔的云烟在山腰漫游。在阳光的调和下，远山呈现出淡淡的灰蓝色，在暗蓝色的天空和朵朵白云衬托下，显出极其优美的山形。时有汩汩的江流从山下穿林而过，在阳光的照耀下，反光如镜。如此多美的元素组织在一起，形成美轮美奂的画卷，把游人迷得如痴如醉，如梦如幻！

我在国内外也见识过不少美景，他们大抵是某市的一个局部，比之于一个省、一个市，它们只是一个景点而已。唯有西藏这个偌大的自治区，是一个无际的花园，园中集合了这个星球上最美的一切：雪白的冰川，最美最险的大山，蜿蜒曲折的大江大河，碧玉般的高原湖泊，直下千尺的大小瀑布，深邃神奇的大峡谷，漆黑广博的林海，温湿柔软的草甸，一望无际的戈壁，交织如锦的田畴，五彩缤纷的山花，还有淳朴勤劳的人民……这是上天对西藏最丰厚的馈赠，对于从喧嚣的大城市出来的我们，置身于此山此海此林，用世上一切最美的辞藻来形容都会显得十分苍白。

汽车快速行驶在画卷之中，感受已不是步移景变了，我目不转睛地盯着车窗外，不时随着旅友的惊叹声亢奋不已，我不停祈望，司机，你请慢些，再慢些，让美景更多地停留，让云天丰富我梦中的记忆。

雅鲁藏布大峡谷，那是吸引我这次冒险来到西藏的兴趣所在。我怀着忐忑不安的心情随着游览车向峡谷深处前进。这里所谓车道是很窄的双车道，道的一侧是高不见顶的陡峭山岩，另一侧则是万丈深渊。湍急的雅鲁藏布江从峡谷奔腾而过。由于惊惧，大家屏气而坐，但谁又能禁得住这景色的诱惑呢？不久快门声就响成一片。

大峡谷全长500千米，开放区只有20千米。也许我们都是带着些许遗憾离开大峡谷的，那余下的480千米会是更险恶、更诡异些吧！想到此生只有这一次，不会再有机会到这里了，就惆怅不已！好在走出峡谷，在半山开阔地的南边看到了海拔7782米的南迦巴马峰。据说，此峰一年只露出十几天。我们居然看到了，虽然只是一瞬间！不久薄薄的白云便如纱遮住了她冷艳的容颜，山谷一时间云蒸霞蔚，在暗绿色的山体背景下，迅疾蒸腾漂移着白色的雾气，透过白雾的空隙，依稀可见黑色的山脊。这时天色瞬间放晴，又现蓝天白云之下的高峰，伟岸而绚丽，我久久凝望着眼前的神山美景，在经幡的映衬下，阅读这山川和大地，感受其博大和深远。

回到拉萨，接着就欣赏圣湖——纳木错。车停在海拔4782米的高台上，展眼向西俯视，好一大片碧玉啊！湖面海拔4200米，碧波

随笔

荡漾，清澈见底，远处群山嶙峋，近水波光粼粼，薄雾缥缈，这是西藏海拔最高的湖泊，藏民的圣湖啊！导游提醒我们不要在湖水里洗手，这句话就足以令我感慨良久。

　　西藏人视山、水、湖为神圣之物，倍加珍惜和爱护。正是他们对环境的保护，我们才能有机会领略这么纯净而原始的山山水水。身上带有导游送的白色哈达，为了感谢藏民的高尚品德所带来的礼物，我虔诚地给身边的藏民献上哈达，扎西德勒！

西藏的神山圣水，能够让人感受到藏民们的钟情和朝拜，能在人们的心中凝成永恒，是因为它给予我们的不仅仅是视觉上的冲击，还有丰富的内涵和哲理。它与藏民的生存和信仰和谐共存，承载着历史和文化，也促成藏民的人格和习俗的形成。

短短的十四天，回来了，从神的国度、圣洁的天堂回到了人间，回到了不那么纯净的人世之中，我终于从梦中惊醒了。拨开尘世的一条缝隙，躲进小楼，拿起往日的鼠标，开始在电脑中和设计工作中独自追寻这场梦境的回忆。

园林寻梦

有人品评建筑,说它像凝固的音乐。的确,一部好的交响乐,在音符后面隐含着太多丰富的内涵,听者都会结合自身的修养去体味个中的韵味。那种说不清道不明的遐想,既调剂了自己的身心,同时也给音乐本身添加了个性的解读。说到中国的园林艺术,那不仅仅是"韵律"两字就能涵盖周全的。

中国古典园林组成的元素与世界各地的建筑和建筑群的基本元素是相同的,它们包括建筑、花草树木、水池铺地、叠石飞瀑,等等。但是,中国工匠将这些基本元素组合在一起时,就组构成一个奇妙的、充满诗意的园林世界,那种难以言喻的群体组合,的确称得上是世界的奇迹。

每当你寻梦于中国古典园林之中,抚摸着枝叶横生的古木,揣摩着瘦、皱、露、透的叠石和假山,踏着亲水的石板桥,拨弄流淌着的溪水的时候,难道不为这些充满生机的园景而陶醉吗?你还可以漫步在青石板铺筑的丛林小道上,去感受曲径铺石的熨帖、融于土地的陶醉,在陶醉之中去领略诗情和画意。

当你沉浸在美轮美奂的景物之中时,不妨留意一下门头和立柱上书写的楹联和匾额,那点景的妙语令人恍惚,似置身于与书生饮茶、对局和吟诗的场景之中,欣赏千古神韵:

"夜月琴声书韵，春风鸟语花香。"

"千古风流有诗在，诗在千山烟雨中。"

或者你会体会到雍正皇帝的名句"梨云梦冷花筛月，梅雪香融燕舞风"和"竹影横窗知月上，花香入户觉春来"的诗意。

记得1960年之初，我随学院外出考察的小分队到苏州参观学习，苏州的名园留园、狮子林和拙政园的确把我迷晕了。我一个人坐在园中曲廊一侧，仔细欣赏周围的景致。不远处有一月洞门，透过门洞，依稀可见另一园景，门洞犹如一个画框，框内是完整的一幅画，竹影斜投在白色的墙面，也洒满了卵石铺地。20世纪60年代发现的古园林，还处在荒废的边缘，残檐断瓦，满目苍凉，但留存的却是古董，令人容易陷入古之幽情的冥想之中。古代的仕女，是否从此处穿过？那花荫之下，也许会有顽童在逗逐嬉戏？洞门一阵香风，可是少妇在品味鲜花的芬芳？我深深地融进了有点罗曼蒂克的诗的幻境里，却听到一声大叫，跳将出来的竟是我们班上的大胡子罗同学！那一刻心中的愤懑，实在难以自制。梦，显然醒过来了。很遗憾，在之后的年月里，我数次拜访苏州园林，许多地方已修整一新，缺少当年古朴的韵味了。

研究中国古典园林艺术的泰斗陈从周先生说过："你不懂中国的水墨画，就谈不上欣赏苏州园林。"画与园林的确

园林庭院一角

园林小品设计

不可分，有些园林是先有画的意境，后据画而建园林。而私家园林多是当年的达官、王公贵族兴建的，属豪华但有失品位者居多。也有文化雅士建园隐居，此类多含文化信息，结合儒家、道家、书法艺术的生活哲理，完善和深化了园林建设，这才是中国园林艺术的瑰宝。

所以从另一角度来说，你如果不了解与儒、释、道、书、画等相关的心境和作品，你就会失去很多可贵的美的享受。

中国古典园林艺术，不同于欧洲。后者讲究宏大并呈几何状布局，有的将树木剪接成纯几何状，以皇家宫殿前的园林为最。而中国的园林则属于单体设计群体组合，在组合中，讲究景区的变幻，利用小桥流水、花卉叠石、敞厅连廊、草坪铺地、树林古塔加以串联、对景和借景，布局是小中见大，可谓方寸之地藏乾坤，其园冶的技艺，历千百年而不衰绝，至今仍彰显着强劲的生命力，继续向

中国馆叠石

人们讲述着千古不衰的经典所表达的动人故事。

中国园林立足于世界园艺之林，也成了具有中国特色的载体，承载着历史和文化，其哲理也影响了今天城市的建设和建筑文化的形成。

北京园博会上展示的园林艺术，只是摆设出一些中外样板，它脱离了原始的地理人情，在一个现代结构的屋檐下，吸不到潮湿的空气，闻不

梦桃源（赵祖望绘）

《溪山清远图》（局部）（赵祖望绘）

到南方青苔的芬芳，看不到古朴而斑驳的墙垣和陈设家具，听不到细软的吴语低诉，总之，我们失却了一番感受。然而，这就像打开了一本精装的书籍，我们从中学到了那么多的园林知识，提高了我们的建筑艺术素养，为我们航天建设提供了借鉴，这是好事。希望年轻的建筑师们，用心用情去欣赏这么精彩的园林艺术并加以灵活运用，踏实学习中国古典园林技艺，那么，你就能成为大师级的人物了。

本文写于北京园博会召开之初

岭南建筑光辉的代表

我在广州学习期间，亲身感受到岭南一代前辈建筑师们为振兴我国的建筑艺术所作出的不懈努力，当时以夏昌世教授、佘畯南建筑师、莫伯治建筑师等为首的前辈对亚热带建筑的特点进行了大量研究和实践，为今天形成岭南建筑派别奠定了坚实的理论和实践基础。莫伯治早在20世纪50年代就以北园酒家的建成而闻名，作为学生，我们参观学习了这幢园林式建筑。从进门开始，立刻被精心设计的空间所吸引，在一个不大的用地范围内，莫老熟练地运用岭南的园林技巧和现代的流通空间手法，造就了一幢精巧、丰富、人情味十足的酒家，可以说它是今天岭南派的先驱代表作品之一。

莫老在构思一个作品时，往往把环境设计置于客观因素的主导地位，出于对大自然深切的眷恋之情，其作品有机融于大自然，也将自然景物神韵融于建筑空间之中。他对建筑艺术的表现不仅限于外在的装修、雕琢，而是同时创作出令人神往的内涵，人们在欣赏他的作品时，都能读出莫老致力于表达的"对自然的复归感"。

例如1971年建成的广州矿泉别墅，其底层平面的空间设计就极具岭南建筑的特点，比之于早年的创作，其园林部分已经摈除了古典的繁杂而加以简化，建筑处理则较之以往更现代化。内庭院与一层融为一体，使建筑"长"在自然之中，景色自然地潜移至建筑里，通过庭院的曲廊与北向的一层空间流通，使整个一层充满了通透、舒展、宜人的情趣，沿着设计者所构思的路线仔细加以品味，有如读着一首带有古风的近代诗。那真的是"令居之者忘老，寓之者忘归，游之者忘倦"的意境。

又如白天鹅宾馆，就像一只白天鹅腾飞在雾茫茫的城市上空，又像一道白亮亮的闪电，直落在珠江之滨，令建筑界为之一震！莫老仍然沿着葱茏的岭南园林"走来"，而且更熟练地运用了现代建筑的设计手法、灵活通透的流通空间，精心地穿插、组合、分隔。洗练的外部造型却蕴藏着一系列的趣味空间组合；内部好一个"故乡水"，把"白天鹅"提携到一个崭新的境界。它是波特曼共享空间的中国化，现代的材料，现在的建筑，却创作出高水平的岭南传统内涵。正如莫老设计的许多宾馆、酒家、度假村一样，白天鹅宾馆理所当然地成为广州的一景、人们乐意前往的旅游胜地，因为它融汇在珠江两岸的水色环境之中，又将岭南的园林文化自然地体现于室内空间。我想即使是波特曼也会叹服，莫老设计的中庭比之于他的中庭空间更加浪漫、更具有文化内涵，且由于尺度近人，也更有人情味。

可以说白天鹅宾馆的建成是岭南派的建筑艺术成熟的标志。

谈到这里，我不能不提到另一个建筑师陈伟廉，矿泉别墅、白天鹅宾馆能获得成功都有着他不可磨灭的功劳，在那些令人叫绝的内部空间处理上，我仿佛看到了他在学生时代就具有的手法的影子，岭南建筑的光彩，当然也有他的心血。

众所周知，美国流水别墅是莱特的名作，但在这之前他的一系列中小型建筑作品，都强烈地带有日本和式建筑的风韵，他正是沿着这条道路一直走下来，才能走出一个光辉无比、万世不衰的流水别墅！

莫老一系列的带有岭南园林的建筑作品，是岭南园林与现代建筑结合的精品，看看他创作的轨迹，也是十分连贯的。可以说，没有北园、南园酒家的探索和实践，就成就不了矿泉别墅；没有矿泉别墅在岭南园林与现代建筑结合上的突破，也就不会出现白天鹅宾馆的"故乡水"。

两位大师都为建筑师做出了榜样，值得我们学习一辈子。

当然，岭南园林在今天大型建筑中的运用，要注意环境条件和可行性，一味在宾馆中加入庞大的园林，有时是不合适的。例如在风景区的旅游宾馆，客人只待三两天，外面的风景点都来不及看完，哪有时间在你精心设计的庭院中逗留？何况资金的短缺，地皮的昂贵和紧张，都不允许你任意施展拳脚，否则得不偿失。

纵观当今的建筑界，出现了以广州为中心的岭南风格，以上海为中心的海派风格，以及以北京为中心的京味建筑，三者中，只有京派在城市规划和单体建筑上的设计思想，还处在混乱的状态之中。有人干预建筑界，命令"维护古都风貌"进而要"夺回古都风貌"，在学术讨论会上强调要戴"大屋顶"帽子，"现在如果戴不好，就交学费，总有一天会戴好的"。

也有一些名人学者推波助澜，大有"帽子"非戴不可之势。他们片面地理解昔日的皇宫古建的人民性，一定要今天的人民生活在一片大屋顶的丛林之中，一批一批钦定的作者、钦定的形式，致使不协调的造型、不合适的表皮充斥于干道两侧，一个一个细而高的楼房，都顶着大屋顶或类大屋顶，形成了京城不协调的景观。

如此的古都风貌是保持不了的，因为开车早已取代了骑马，以往大户人家的四合院已成大杂院，全市新建筑平面铺开，没有中心。天安门广场只宜于"百万雄师"聚会，夏日太阳一照，像多了一个太阳，影响周围的小气候。新落成的西客站，不知是建筑界的光荣还是耻辱。

可北京的建筑设计人才在全国可说是最多的，理论和实践应该是引领潮流的，为什么有影响的建筑不多呢？甚至被人说"无现代建筑"，真令人费解！我们应向岭南派、海派学习，大胆向时代靠拢。岭南出现了莫伯治、佘峻南等大师，他们出色的作品已摆在我们的面前，他们是建筑界的弄潮儿，他们早就开始做的，我们还在犹豫，他们大量成功的作品应引起京派的思考。

在京的建筑师所遇到的困难比之于南方要大得多，所以莫老的成就对京派建筑师的刺激会更大，作为一个建筑师，作为一个学生，我会说一声：

谢谢，莫伯治大师！

此文发表于《建筑师》1997年第2期（P71）

厕所趣谈

一次在前往西北的航班上，看见一本供飞机上阅读的杂志《新世纪》2002年第9期，闲得无聊，竟一页一页仔细阅读起来，当读到第30页时，一张熟悉的面孔明显地挂在书的上角，那是我敬仰的吴焕加教授，再看文章，题目竟是《厕所，另类的人类文明史》。

我知道吴老是清华大学名教授，在建筑史、建筑美学领域中，成绩斐然，他的文章流畅，对建筑艺术有独到的领悟和见解，但从未想到他对厕所竟有如此深刻的研究。

厕所在人类的生活中扮演着十分重要的角色，"上水道"有饮食文化，"下水道"也有人类所必需的如厕行为，吴老称之为另类文化，这也是一门学问，我不是在这儿研究，闹着玩而已。

一、向前走嗅到臭味就到

中国历来对饮食文化是出奇的重视，色、香、味俱全，各地风味争奇斗艳，且愈做愈精。而对于方便的问题，则是不能登大雅之堂的，其设施往往因陋就简。臭，就成了厕所的标签。一次，我到孔老夫子的故居参观，院墙外的小摊摆成了一条专卖礼品的街道，突然肚胀要找厕所。问及小贩，答曰："向前走，嗅到臭味就到。"循着味找到的厕所，其惨状可想而知。

西安的贵妃墓，景仰已久了，园林设计是不错的，贵妃雕塑洁白安详，而不远的厕所呢？那久违了的白色肥虫四处蠕动，脏臭得一塌糊涂。出门回视贵妃雕塑，不知怎地，心中不由得产生一种难言的感觉，好惨啊，可怜的贵妃！

北京的厕所以前也不例外。当然这是好多年前的报道，某国公主到某皇家大园林去玩，中途要求去洗手间，陪同女士带她来到公厕，谁知她刚一进门就惊叫着跑了出来，厕所的味道呛得她半天说不出话来。再后来，北京人知道厕所的重要了，各公厕，特别是大公园的厕所有了根本性的改善。这是一个不小的进步。

二、男女有别

厕所一向是隐私的处所，北京人艺演的厕所之所以可以公开到舞台之上，那是因为他们不是展现真实而是展现艺术。男女有别，如何识别男女厕所，那真是五花八门。最简单的是在白墙上用红笔大书"男""女"二字。文明一点的有画男女头像的，头发是一长一短。有的则画个烟斗表示男厕，还有绘制八卦中阴阳来区分男女的，更有画一个香蕉和一朵花来区分的。不管怎么象征男和女，都不易做到十分贴切，头发长短之分，有时是被颠倒了的，你怎么分？还有，女士抽烟有的是，也不易分清。衣服，男的穿得花花绿

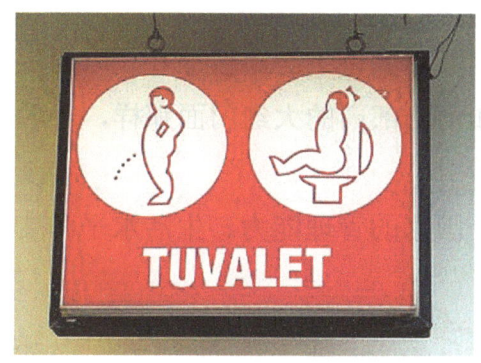

厕所标识（一）

厕所标识（二）

绿的也不新鲜。更有甚者,一些时髦男青年留着长发穿花衬衫在厕所镜前翘首弄姿,有时吓你一大跳,以为误闯进女厕所了,只好退到门外,等他转身竟是大胡子!如果厕所门上画上男女器官倒是好识别,却有不雅之嫌。其实国际上已经有了较规范的图案,那就是男的是西服,女的是短裙,虽不能说十分确切,但已被公认,所以大可不必自己发明创造了。

三、女士的尴尬

在公共场合,女厕排长龙、男厕空空的现象十分普遍,有时会因女厕太少而出现问题。1990年美国休斯敦一位女法律秘书,叫丹尼斯威尔恩,在音乐厅准备上厕所时,看到女厕有20多人在等候,男厕则异常冷清,她勇敢冲进男厕要求使用,结果因违反城市条例而被逮捕。2004年春北京樱花节,玉渊潭有某女也冲进男厕方便,没有勇气的,甚至尿裤子。女厕少不能说明咱们的领导有歧视,而是不懂。据一日本教授的研究,将男女上厕所的时间量化,小解平均:男31.7秒,女1分33秒;大解平均:男1分23秒6,女3分。

根据上述研究得出的结果,公厕中男女厕所数量女士的应比男士的多一倍,男女分别较集中的部门,应当另行考虑,不在此建议实施范畴。

城市的厕所设计,五花八门,其实大可不必添枝加叶,只要是干净、实用的,造型标准的,有如消防部门的大红门面那样,一看就知道是什么用途即可。

小小的一个厕所却能反映一个国家的管理能力、生活水平和文明程度,马虎不得!

肆

"我"眼中的赵大师

80后眼中的建筑大师

文/韦舒婧

一、初次印象

初来航天七院，就在赵祖望大师工作室实习。第一次见到赵大师，我十分惊讶，在这个主要以中青年设计师为主的设计院里，竟然还有这样一位年过古稀的爷爷，那一瞬间国家级建筑设计大师的形象也在我心中被勾勒出来，经过简单交谈，我即刻从他和蔼的语气里感受到他严谨的人生态度。

那时他在做大连中民奥特莱斯的设计方案，看到他正在绘制的图纸，是针对用地地形布置的两个总平面方案，构思灵活，富有动感，形体关系与功能布置配合得竟如此巧妙，这样厉害的设计让我内心钦佩不已。随后赵大师给我讲解了设计的构思过程，构思中所折射出的设计思想更是让我有种醍醐灌顶的感觉，短短的十几分

钟，却仿佛是上了一节关于奥特莱斯的设计课程，这不一般的设计水平，真不愧是建筑大师！

二、痴迷工作

2015年春节，郑州世园会项目暂时停止，本应节后上了班再继续，可赵大师的工作状态却丝毫没有受到春节的影响，上班第一天，他就拿出了航天馆的详细平面图，赵大师竟然用春节七天的假期时间将所有平面图设计并绘制出来了，令我们惊讶而又钦佩，而他却不以为然地说："这算什么！20世纪80年代在深圳分院的时候，因为深圳高速的城市建设，几乎三天就得出一个高质量的方案，那时候还没有电脑，就是靠一张图板，连续通宵加班，才得以保证一个又一个的方案按时完成，经常是清晨画完图，直接就赶赴汇报现场。"赵大师这股拼命工作的痴劲得到了当时深圳罗副市长和其他领导的高度认可，也为我院在深圳地区设计市场的立足奠定了重要基础。他感叹道："那个阶段虽然很累，但却很充实，也只有经过那样一段高强度的设计训练，才能锻炼出一个高水平的设计师！"

他常常引用清朝蒲松龄《聊斋志异》中的话"书痴者文必工，艺痴者技必良"来教导我们，希望年轻人能以饱满的热情投身于建筑设

计，提高自己的专业水平，其实若用这句话来描述赵大师的工作状态，才是最恰当不过的。

三、电脑达人

80岁已经是我们这代人的祖父辈了，计算机等电子产品应该与他们的日常生活毫无关系，但赵大师却不同，计算机可是他工作和生活的必需。试想一下，一位80岁的建筑师坐在电脑前，自如地操作着CAD，熟练地敲击着快捷键，伴随着鼠标和键盘快速而有序交替的点击声，新的设计就诞生了，这就是赵大师每天工作时的情景。同样网络对他来说也是再熟悉不过的了，上网查阅资料、下载图片、购物，他样样精通。当大家为此感到不可思议时，他自豪地说："我可是咱们院里第一个买私人电脑的人，到现在都已经换了第六代了。"也正是赵大师这种保持与时俱进的人生态度，让他在五十多年的工作中坚持不断学习，始终走在设计工作的时代前沿。

四、授之以渔

在航天七院，受到赵大师言传身教的弟子有很多，可谓是桃李满天下了，大家对赵大师的共同评价是，他平易近人，对待徒弟从不吝惜，会毫无保留地将自己的全部设计经验传授给大家。辅导年轻设计师设计时，赵大师总是很有耐心地帮他们勾画草图，修改方案，提供更多的设计思路，还会将自己保存的相关书籍和资料全都拿出来借给年轻人参考，尽全力帮助他们完成设计任务。

每一个设计项目都有各自的所属类型、特定背景以及相关要求，即使是同类设计也不可能做出相同的方案，当赵大师带徒弟做

「我」眼中的赵大师

设计时，常常会针对一个具体设计上升到同类型设计的理论层面，然后将这套设计方法普及到同类型设计中，帮助徒弟去举一反三地进行以后的相关设计。比如在做奥特莱斯的设计时，他把奥特莱斯的形成原因、历史发展、国内外现状都给我们进行了详细讲解，这样奥特莱斯在商业建筑中的定位与模式就自然而然地植入到我们的脑子里，然后再从商业步行街规划设计的方法切入，教我们总结常见的规划形式，并分析利与弊，最后结合具体的要求来进行设计，详细指导设计中的每一步，从功能布置、形体组合到平面细化和立面设计，直到设计完成。

每当接到设计任务，赵大师都会教我们广开思路，做出多个方案进行比较，再选出可发展的方案深入设计。有次中午休息的时候，曾在我院实习的小姚，在工作中遇到了设计问题，由于用地过于狭长，加之面积和退让等要求，一时做不出合适的方案，于是来请教赵大师，我们围坐在茶几旁，他边讲边在纸上勾画着，在不到半个小时的时间里，他就勾画出六个方案，并从中选出一个最合适的方案稍微进行深入设计，这一行之有效的设计方法让在座的我们都获益匪浅。

赵大师正是通过这种授之以渔的方法，毫无保留地言传身教，让弟子们在设计工作中游刃有余，发挥出各自最大的设计潜力。

五、热爱艺术

"作为一名建筑师，应该爱好广泛，在各方面培养自己的兴趣，才能对设计有所帮助。"这是赵大师经常对我讲的一句话，很多时候设计灵感并非自己拍脑袋就想出来的，而是来源于生活。

一定的美术功底是建筑学专业的必须，可是能真正将绘画作为自身爱好并拿出作品的恐怕为数不多，赵大师的素描画得精彩至极，尤其是对一些细部的刻画，比如人物肖像、动物毛发，只用一支铅笔就能勾勒出灵动的外形，刻画出深邃的眼神，描绘出飘逸的毛发，令画面栩栩如生，与美术专业出身的画家相比，功底毫不逊色。我曾经因好奇问赵大师："在大学我们也学过素描，可是没人能画得那样专业，您的美术功底怎么会如此好呢？"赵大师说："那是因为你画得太少了，画画没有什么技巧，画得多了，自然就画得好了，设计也是如此，只有多做，才能提高自己的设计能力，培养自己的设计思维。"

赵大师除了在绘画方面颇为擅长，还习得一手好字，不论是钢笔字还是毛笔字，都可以作为我们临摹的范本。当翻看他的笔记本时，数行缜密整齐的小字配以工整简洁的略图，真是一种视觉享受！认真阅读，会发现言简意赅，高度概括的记录用语、设计精髓尽在其中。赵大师的毛笔书法又是另外一场视觉盛宴，几乎每一个走进他办公室的人都会被墙上挂的两幅字所吸引，字体洒脱而富有张力，构图均衡而灵活舒展。俗话说字是人的第二脸面，从赵大师的字足以看出他严谨的工作作风和豁达的处世态度。

赵大师对音乐也甚是喜爱，有时午间休息的时候，能听上一曲《二泉映月》，正是赵大师的二胡独奏。旅游、摄影也是他的爱好，从20世纪  70年代的亚西卡相机到如今的佳能5D，相机一直是他几十年来外出必带的工具，赵大师用它们为设计工作收集了数不清的宝贵资料，记录了生活中的精彩画面。

赵大师在艺术、音乐、文学等方面的造诣是源于他广泛的兴趣爱好，而这些兴趣爱好又与设计工作相互助益。赵大师为我们印证了建筑学是一门由技术、艺术等学科交织而成的学科，培养自己多方面的兴趣爱好对做好这门学问有着至关重要的作用。正如人们所说，建筑是凝固的艺术，承载着丰富的文化内涵。只有全面发展的人，才有可能在设计中体现建筑文化的精神。从《赵祖望大师作品集》所显露的光彩中，我们解读到了赵大师深厚的建筑设计功底和建筑文化底蕴。

六、谦逊和蔼

"国家勘察设计大师"这一称号对应在我们的脑海里应该是高高在上、触不可及的一种形象，但是赵大师却格外地谦逊和蔼，平易近人，没有半点"大师的架子"。他同普通员工一样，每天自己驾车上下班，遇见同事，不论年龄大小，职位高低，他总是笑面相迎，热情地和每一个人打招呼。尤其与年轻人交谈时，他温和的语气、谦逊的态度早已缩短了年龄之间的差距，就像同龄朋友那样随和，让年轻人丝毫感觉不出"大师的架子"。

出外参加评审会议时，经常会被邀请作为评委会主席的赵大师总是拿出自己固有的谦逊和严谨，有条不紊地组织评委们对各方案进行评审，并提出自己中肯而严缜的意见，他的谦逊严谨赢得了其他评委们的赞誉，令甲方敬佩，令各投标方信服。

七、追求精湛

设计总是随着时代而不断进步，与时俱进是赵大师对待设计工作的一个自我要求，为此他一直坚持学习新的建筑理论，从国内外的新建筑身上吸收新的养料，五十多年的学习习惯让他拥有了灵活多变的设计思维，形成了别出机杼的设计理念。

痴迷于设计工作的赵大师，每当接到一个设计任务，都会以饱满的精神来迎接，他针对设计要求，勾画出不同的方案草图进行构思，而这些构思有时是用一两个夜晚换来的，但他却不知疲倦地完成着这些看似简单却很抽象的设计过程，直到拿出自己认为满意的作品。

赵大师的设计作品不胜枚举，都是值得我们参考的佳作，但他总是不满足，认为还会有更精彩的作品出现，出精品成为了他的工作目标，他认为过去的好作品已经属于过去，而未来的新作品才可能融入更多的设计手法，综合更多的设计经验，所以下一个作品会更精彩！

"革命""运动"在我们心里仿佛都是历史教科书中的字迹，对此毫无切身感受，而对于赵大师来说，这些都是他的亲身经历，从学生时代到中年，数不清的运动让他饱受折磨，但这些始终没有消磨掉他对建筑设计的热情，正是这股痴迷于建筑设计的热情，让赵大师在历尽艰辛之后，还始终保持着乐观、清廉和正直的人生态度，奋战在设计工作第一线，将自己的所有都贡献给他所热爱的建筑设计和毕生为之奋斗的七院。

　　一次偶然，我路过首都师范大学北区，便进去参观了赵大师于2001年设计的首师大图书馆，它矗立在冬季北方静寂的草坪上，庄严而稳重，层层渐退的玻璃窗在夕阳的余晖下反射出耀眼的光芒，是那么轩昂、坦然，而从启用那天开始，它就成为承载首师大文化的殿堂，积淀并传承着这所名校的底蕴。忽然，赵大师瘦高而矫健的身影在我脑海中浮现出来，他就像这幢建筑，庄重而豁达，用自己的一生勾勒着一栋又一栋的建筑，令它们散发出不凡的气度，并将这勾勒的创作手法传承给一个又一个的弟子，让他们在设计工作中体现出自己的价值。

本文写于2016年3月13日

建筑师谈建筑　指点古今中外
——访一级注册建筑师赵祖望

采访/文　陈文诠

一、人物印象

　　第一次见到赵祖望先生，在我眼前的是一位身材瘦高、满脸倦容的长者，因正在突击大连的一个7万多平方米大厦的设计任务，他这几天都是通宵达旦地工作。面对一脸疲惫的赵先生，为保证采访质量我们约好下次再谈。

　　第二次见到赵祖望先生，是在他刚刚结束保定人大会议接待中心的设计稍事休整后。这次赵先生一扫满脸倦容，精神抖擞，侃侃而谈……

　　赵先生1935年出生，湖北武汉人。高中毕业入选留苏预备班，当时因患病留学未成，因此很沮丧。听朋友建议考入华南工学院建筑系，没想到却如鱼得水，从此将一生投入到建筑业，成为今天的中国航天建筑设计研究院副总建筑师、国家一级注册建筑师。

　　作为建筑师，赵先生不但设计出诸如北京十三陵九龙游乐园、北京中华航天博物馆、深圳石岩湖温泉浴室等优秀作品，而且对我国建筑业现状感触颇深，也有一番见解。

二、中国建筑业有喜有忧

说到中国建筑业的现状,赵祖望先生认为:"我国的建筑业在改革开放后的今天,发展速度之快、规模之大是世界上其他国家不能比拟的。正是因为这个原因,才涌现出一批有才华的建筑师和优秀的作品。中国的建筑师在这个时代能发挥才能的机遇比国外建筑师要多,我们要珍惜这点。"但是赵先生谈得更多的是他对我国建筑业目前存在的许多问题的忧虑。

赵先生指出:中国的建筑业总体水平还不是很高,更有不少平庸之作甚至是粗制滥造的项目被建造出来。这些建筑成为我们环境的一部分,形成一种视觉上的污染,清除这种污染并不比对付大气和垃圾污染轻松。造成这些问题的原因是多方面的,有建筑师自身素质的问题,也有管理体制的问题。赵先生强调:"建筑业现有的体制如不进行大的改革,势必会压抑建筑行业的生产力。"比如建设项目的审批由各省市的规划部门负责,由于这些部门中有些人受自身水平的限制,或受其他因素的影响,往往使一些很有新意的作品不能通过,而一些设计平平的方案却能获批准,在施工中甚至出现弱不禁风的"豆腐渣"工程。这是建筑业的耻辱,也是中国人的耻辱。

赵先生建议在一些重大项目、重要街道和重点地区的规划上,应邀请一些专家组成临时评审委员会,对投标方案进行充分论证,对建筑物周围的环境进行统一规划。由专家组成的评审委员会是临时机构,不易形成个人权力,可以减少舞弊。赵先生说,他访问过的许多西方国家在大项目的评审中基本是采用这种方法。这对建筑业少出平庸之作,多出精品是至关重要的。

提到西方国家的建筑,我问赵先生,中国与西方在对待传统与现代建筑方面有什么差异，赵先生颇有感慨。

三、中国与西方、传统与现代

"最近我去了一趟西欧，"赵先生说，"像意大利、法国还有德国这些国家，他们对古代建筑的保护，概念是很清楚的。比如法国巴黎的拉德芳斯新区，在传统的爱丽舍到凯旋门一条轴线上，建了一些现代风格的建筑，感觉和巴黎整个城市很相配。在意大利，把古代的建筑、遗址保存起来，新建的建筑在郊区，所以新旧建筑较少冲突。新的建筑并没有强调古罗马风格，而是以现代风格为主，只是在细部的设计上可以发现融入了一些古代欧洲风格的遗韵。"赵先生还特别举了法国卢浮宫扩建的例子："贝聿铭设计的玻璃金字塔并没有拘泥于原有建筑的那种巴洛克式宫殿风格，而是一种全新的东西，但两者配合得十分贴切，说明新旧风格不是不能搭配，关键是看建筑师的水平，如何设计、处理。"

回到我们国家的现状，赵先生认为还是要以发展现代建筑为主。我们毕竟是生活在21世纪，人们对现代生活的需求决定了现代建筑在功能、设备、材料上与古代建筑有很大差异。古代建筑文明我们要吸收，但不顾环境、不分场合，一味去简单摹仿、复制古代的东西，动不动就给建筑扣上仿宫殿的大屋顶，这不但不能保护传统文化，反而还会产生一些不伦不类的东西来破坏城市环境。

现在国内建筑又形成另一股风——"欧洲新古典主义"，从建筑到装修追求那种欧陆式风格。有的投资方甚至指明："就要欧洲风格的！"赵先生说，这种"欧洲新古典主义"建筑风格兴起于20世纪30年代的意大利，到20世纪50年代已趋衰落，在欧洲虽然还能在一些新建筑的设计上找到它的影子，但已不是主流。由于文化上的差异，中国建筑师中大多数人不可能深入了解古代欧洲建筑的内涵，只是一种摹仿。如果在特定的场合，有一些这样的欧洲风格的建筑，给人以新鲜感，这是可以的，但一旦成风，搞得比比皆是就不好了。

那么在建筑上应该怎样对待中国与西方、传统与现代的关系呢？赵先生的观点是：中国的现代建筑不应排斥古代和西方的文明，但要有机地融合，要根据投资情况、功能需要、周围环境等条件，充分利用新技术、新材料，搞出有时代感、有风格的作品。

实际上赵先生自己的作品正是这样的。他设计的北京九龙游乐园因地处十三陵，故采用了古代的建筑风格。他说要是这个项目设在市区，是决不会这样设计的。还有最近设计的保定人大会议接待中心，赵先生考虑到保定是历史古城，便在造型上加入一些燕赵遗风的韵味，而在整体功能上满足了现代会议中心的需要。

四、圆明园和天文馆

圆明园的复建和北京天文馆的改扩建，是老百姓关注的事。我就这两件事问赵先生的看法。

赵先生说，圆明园的复建问题争论很大，在这个问题上他也与一些建筑评论家交换过意见。赵先生主张：圆明园的复建是对的，不能永远荒废在那里。但不要搞全面恢复，耗费那么多资金去建旧的东西没有必要，恢复得再好也已经不是原来的东西。有人还主张在圆明园里建什么商业性的设施就更不可取。要搞局部复建，恢复一部分古代建筑，建成一个遗址公园，供后人凭吊。

赵先生说，北京天文馆要扩建这是发展的必然，但如果因此要拆掉旧的天文馆就不对了。北京天文馆虽不是古代遗产，却也是我国建筑发展历史进程中有代表性的建筑，这样的建筑应当保存。我们完全可以在地面、地下找到一个空间，建设一个崭新的现代化的天文馆，而同时保留老的天文馆，并使这两座建筑很好地结合在一起。以我们现有的能力是完全能够做到的。

五、中国建筑师的无奈

赵先生曾几次到美国和欧洲考察，看到这些地方建筑水平之高很有感触。那些精品自不必说，就是一些设计平常的建筑，由于用材得当、施工精细又与环境协调，也能给人以美的享受。

中国的建筑师并不比外国的差，机遇比外国建筑师还多，为什么中国建筑精品却不多？从赵先生那里我知道了中国建筑师的无奈：

1. "萝卜快了不洗泥"

在我们国家，很多较大（如3万平方米以上）工程的项目做方案时给建筑师的时间往往不超过20天，完成上千张施工图只给两三个月。建筑师不得不日以继夜一边画图一边构思方案，哪还有时间对方案进行论证推敲？又怎能出设计精品？

2. 建筑师也得吃饭

有些投资方不尊重建筑师的设计思想，不顾周围环境特点，要求建筑师就是要设计成"仿古的""仿欧的"，或者干脆说"照某某建筑搞一个"。面对竞争日趋白热的建筑市场，离不开人间烟火的建筑师们只好委曲求全。

3. 建筑师交了图纸也睡不着

方案设计已经是"萝卜快了不洗泥"，而施工招标中又不乏"勇者"能以低于设计成本的费用中标（要赚钱，不知除了偷工减料还有什么别的办法），再加上两三天一层楼的施工速度，建筑师哪还睡得着安稳觉？

赵先生呼吁：搞建设当然要多快好省，但是更要讲科学，对待百年大计，时间不是越短越好，投资不是越少越好。若条件不成熟，宁缺毋滥。

中国建筑要多出精品，除管理体制的改革、建筑师和整个建筑行业的努力外，离不开全民族建筑文化素养的提高。当全社会都把建筑作为一种文化来追求，作为一种艺术品来欣赏的时候，中国的建筑业就一定能矗立于世界建筑界之林！

六、写在最后

采访结束时，想到赵先生已年过花甲，我问他这样繁忙的工作身体是否吃得消，他笑道："我身体还行，这都得益于学生时期爱好体育运动。像篮球我打得还不错，还是校队的呢。乒乓球也很喜欢，现在打不动篮球，就打打乒乓球、跳跳舞、游游泳，出出汗，和大家交流交流，挺有意思。"

说到业余爱好，赵先生兴奋起来，一项一项数给我听。爱钓鱼，百忙之余调剂身心。爱音乐，喜欢欣赏古典音乐，好的、有品位的流行歌曲也不排斥，还喜欢拉拉二胡。喜欢旅游，在旅游中看名山大川，看风土人情，更喜欢看各式各样、蕴含各种文化的建筑。喜欢摄影，旅游中用照相机把一切美好的东西凝固在底片上带回家，更是一种乐趣，其中还不乏得意之作。高中时候就喜欢美术、书法，特别喜欢油画，但对于当时的学生来说，油画颜料、画布太贵了，只好画素描、水彩。现在经济上有条件了，时间却不够用了。但是赵先生并没有放弃，一定要圆这个年轻时候的梦。他笑着告诉我，他已经有了计划：有美术界的老朋友请他到美术院校讲建筑学，他准备退休后到美术院校"勤工俭学"，免费讲学，条件是可以在美术院校学油画。

望着他一脸兴奋的样子，我感动了：在那张已经爬上细细皱纹的脸上，没有日夜伏案留下的辛苦疲惫，没有种种时弊带来的烦恼无奈，有的只是对美好事物的憧憬和追求。这大概就是一个人精神力量的源泉吧。

本文发表于2000年2月《建筑技术与设计》（P98）

痴情在蓝图
——记"国家设计大师"赵祖望

文/田福卿[①]

痴情蓝图，春华秋实。近年来，七院（中国航天建筑设计研究院）研究员赵祖望喜讯频传。他的建筑方案已有三个获部、省级以上优秀项目奖。他连续几年被评为院级先进工作者，多次荣立三等功、二等功。他的名字被列入《中国工程师名人大全》。1992年被授予"有突出贡献的专家"称号，享受政府津贴，1994年获"航天奖"，2003年获"国家设计大师"荣誉称号，真可谓花甲丰收。

回首丰收路，影印他几多奋斗和辛苦。

一、执著追求

人，总是在追求。有人追求名，有人追求利，而作为北京土木工程学会理事、中国航天建筑设计研究院副总建筑师的赵工追求的却是建筑艺术。

1960年，风华正茂的他从华南工学院毕业后分配到国防部五院一分院工作。他把跨进航天事业之门，当作向事业高峰攀登的新起点。为充实和提高自己，他先后订阅了《建筑学报》《世界建筑》《时代建筑》《新建筑》等多种有关建筑艺术的报刊。北京的图书

[①]田福卿，曾任中国航天勘察设计研究院党委书记。

馆、书店，单位的资料室，常有他的身影。行业举办的展览会，只要能抽出时间，他每次必到。每逢出国，他也千方百计收集有关建筑艺术的资料。从一分院调往内蒙古，又调回北京进七院，三十多年里，他购买、收集的书籍、资料已摆满了四个大书架，又装满两个大箱子。用他自己的话说，除了方案设计，学习已成了他生活的第一需要，有时竟到了入迷的程度。一次，他坐在公共汽车上翻看《世界建筑》，一张独特风格的西洋式建筑照片将他吸引住了，反复琢磨，车到站了，售票员的报站声把他惊醒，蓦地从座位上站起，拔腿往车门跑。见他慌慌张张，售票员以为是逃票者，下车把他揪住了，像这样的误会，竟发生了好几次。

他向书本学习，更向实践学习。作为老设计师，他的足迹遍及长城内外、大江南北，到过全国23个省、自治区的30多个大中城市和中国香港等地区；到过美国、日本、俄罗斯、新加坡等国家。每到一地，每进一城，他的第一任务就是留神街上的建筑物，遇见有特色的他就问自己："我能做出来吗？"遇见有问题的，他又问自己："应该怎么做？"而且，只要有机会他一定要抓拍下来，他的这些"马路收获"已装满十几个影集。

赵工经常说他坚信"第一感受"。每设计一个方案，他除了熟悉用户提供的资料外，还要千方百计地到现场考察，了解地形、民情、环境。为设计大佛，他多次走访庙宇、僧侣；为设计航天城，他认真请教有关部门和相关技术人员……

业精于勤。知识的积累，刻苦的攀登，使他跨进了艺术的殿堂。他把西洋的情调、民族的风格、用户的需要、自己的技巧融为一体，得心应手。行家们评论他是"装饰型建筑师"。他的《我的设计研究》《我的创作道路》等五篇作品先后在《建筑学报》《勘查与设计》等国家级刊物上发表。

二、忘我工作

巴斯德说过：立志是事业的大门，工作是登堂入室的旅程。在建筑艺术的旅程中，赵工付出了极大的代价和艰辛。

他做过施工管理，处理过难以数计的现场技术问题。后来又专注从事建筑方案设计，有人说他大大小小拿出了上百个方案。北京、上海、深圳、济南等十几个大中城市及航天系统的几个研究院内都有他设计的建筑拔地而起。为了这些作品，他加过多少班、牺牲过多少节假日，无人知晓。作为副总建筑师，他还经常到七院下属五个分院处理方案问题，风尘仆仆、来去匆匆。1992年夏天，一个求援电话把他从海南岛请到了深圳，接一个原某省设计院未完成而拖期的、十四万五千平方米的建筑方案。由于项目大、时间紧，他一下飞机就趴在了图纸上，一连五天五夜苦战，最终交出了用户非常满意的方案，为后续工作的开展赢得了时间，报建七天就批下来了。看到赵工消瘦的脸庞，用户连声感谢，并表示今后有了项目还要请赵工做方案。

对航天建筑设计，他更有特殊感情。建在北京的航天博物馆，光大的场馆就有九个，是一个具有高科技展览功能又有游乐性的国内大型现代建筑。作为该馆总建筑师，赵工决心将其做成国内一流的建筑。任务下达时，要求一个半月拿出九个展馆的建筑方案。就展馆的规模和要求，一个月拿出一个馆的方案都不容易，何况九个？他的压力太大了，大脑白天黑夜都在飞转，忽然来了灵感，便半夜三更从床上爬起，披衣伏案画起来。在组织的安排下，一个六人的班子组成了，大家齐心协力，加班加点工作，有时赶不上食堂开饭，赵工就请大家下饭馆。在规定期限内，他一人就拿出了五个展馆的方案，全被组织认可。

一次，他参加航天演示厅方案竞选，当时手头压着三个任务，可这一方案要求八天之内拿出来，并且又是与北京两个实力较强的设计院较量。时间催人急，为了给院、部争光，他已苦干几天了，天天都是乘末班车回家。一次他赶340路末班车回家，跑下办公楼后，脑海里都是方案线条，迷迷糊糊上了一辆大公共汽车。车一站一站地前进，忽然他透过窗户，看到灯光里的街景是那么的陌生。"这是到哪儿了？"他问售票员。"你到哪里去？"售票员反问。"城里。""坐反了！这是354路，你看那不是石景山首钢大院围墙吗？""那我怎么回去？"赵工茫然了。"到苹果园坐地铁吧，别再坐反了。"售票员跟他开了一个小小的玩笑，苹果园是地铁西终点，怎么会坐反？赵工苦笑了一下，身影消失在夜色中……

作为载人航天工程项目（代号"921工程"）的总建筑师，他克服了设计时间紧、技术难度大等实际困难，带领二十几位不同专业的工程师抱着为国防建设、航天事业拼搏奉献的决心投入工作，最终圆满地完成了任务。

辛苦孕育了成功。改革开放以来，赵工苦战出来的方案多次获得院、部级奖项。他设计的深圳石岩湖温泉浴室，老将军张爱萍非常欣赏，亲书"仙境"二字，香港《文汇报》《晨报》也载文称赞。采用美国迪士尼乐园方式、中国古建筑和园林手法设计的北京九龙游乐园被评为"群众喜爱的具有民族风格的建筑物"；南苑的中华航天博物馆预展馆也吸引了成千上万的参观者；"921工程"被评为部级优秀设计，正在申报国家级优秀设计金奖……

三、倾心于后人

旅程的尽头就是成功在等待。赵工在建筑艺术的道路上，艰辛跋涉三十载，收获颇丰，闯出了自己的风格，成为建筑设计行业中有名望的设计大师。慕名求教者、请他作学术报告的单位纷至沓来。他对同行们毫无保留，平易近人，尽量满足人家的请求。

在北京，他以《大型公共建筑室内外空间处理》《大型展览建筑的创作》《我的创作道路》为题先后给九个单位上千人作过报告，深受设计人员的欢迎。散场后，他常常被年轻人围住，问这问那。一次他到成都开学术研讨会，自费三百多元把《我的创作道路》制作成几十张彩色幻灯片在会上放映，使报告变得更加生动、形象、活泼。会后又有十几个单位请他前去讲课，他都欣然前往。

作为一名高级技术人员，他诲人不倦，对身边的同志，特别是年轻人，更是倾心传技。近年来，除每年要带一二名实习生外，不论是总院还是分院，他都注意对年轻人的培养，使他们尽快成才。1990年，他在济南为我国最大的回民小区进行初步设计，作为项目负责人，已年过半百的赵工，与八位年轻的同志一道摸爬滚打。除亲自设计方案外，他对年轻同志们的设计也认真把关，对不成熟的方案出点子、想办法；对不理想的方案，耐心指出缺点要求重做；对基本可行的，他一笔一笔地帮助修改和完善。三个月过去，二十多个方案拿了出来。在他们办公室屋角里，废图纸已堆了一米多高，在清理时，几位工程师指着废纸感慨地说道："这都是我们，尤其是赵工的心血呀！"

在赵工重点培养的十几名年轻人中，有的现在已成为技术骨干，有的还被破格评聘为工程师、高级工程师。目前，作为建筑方面的专家，赵祖望同志仍忘我地耕耘在建筑设计岗位上，我们期待着他更杰出的作品问世。

本文写于2002年12月，发表于2005年10月《丰台文史资料选编》（P130）

凝动的音乐　永恒的艺术
——记建筑设计大师赵祖望

文/王　景

建筑的生命是长久的，也许在建成的几年间无法得到肯定，但随着时间的流逝，即使它的表面侵蚀剥落，设计师的思想也能永存。这种感动无须言语，当建筑安静地伫立在天地光影、行云流水的变幻之中时，犹如宇宙间孤独而虔诚的祈祷者，超越时空，光芒万丈。相信每个优秀的建筑师都充满了对生命的热爱，不然他们是无法成就这人世间最宏大的设计物的，而这种爱是反观自身的深省再遍及他人的博大。

赵祖望，中国航天建筑设计研究院副总建筑师、国家一级注册建筑师、研究员、国家级建筑大师。他将对建筑的热爱和艺术感悟表现在每一个设计项目中——深圳石岩湖温泉浴室、北京十三陵九龙游乐园、北京中华航天博物馆、北京市体委游泳跳水训练馆、航天部二院剧院、济南双龙街招商大厦、黄旗山国际花园、兰州铝业办公楼、北京生态渔村……这些获得全国好评的项目，都是由赵祖望主持设计的。

"做，就要心甘情愿地去做，从中寻找自己的快乐。"鲜为人知的是，赵祖望的快乐却常常是建立在吃大苦、耐大劳的基础之上，他经常为一个项目"日夜作战"，项目完成后他的欣慰中却透露着深深的疲惫。赵祖望，正是一位从建筑的艺术设计中寻找自己的乐趣的人。

一、曲折之路

赵祖望先生向我们侃侃而谈他的建筑哲理和创作思想，他的创作设计之路以及他的作品和感悟。大师谦和平易的笑颜，幽默风趣的谈吐表达，就像他的建筑风格，通透、优美、自然。

赵祖望1935年出生于湖北武汉，高中毕业时因成绩优异入选留苏预备班，可以想到当时摆在他面前的道路，是多么地宽广，前途无限光明。但是天堂和地狱，原来竟是一线之隔。体检中他被查出肺部有阴影，苏联自是没法去了，普通高考也已结束，满心的期望化为泡影。对于这样一位优秀的学子，国内的各大高校自然是敞开大门欢迎他的。心情低落的他已无心选择，听朋友建议进入华南工学院建筑系。带着失望的情绪迈进大学校门，巨大的转变一度让他对学业消极懈怠，可适应力极强的他很快便调整了自己的心态，投入到新的学习中。

全新的知识领域，满怀对艺术的兴趣，他很快在大学的舞台中找到了自己的位置，建筑成了他无比热爱的专业。转眼五年的大学生活结束，毕业后赵祖望留校当了一名教师。正当他准备在三尺讲台大展身手之时，却又阴差阳错地被航天部选中，被选调到北京航天某部队参与工程建设。虽然当时很茫然，不知道到了部队自己的建筑专业到底能派上什么用场，但"坚决服从组织"的认识此时已完全占了上风，"既然组织上要求我过来，就说明社会需要我们，不能因为我个人的好恶去否定"。

初到北京报到时的情形仍历历在目,部队虽然就在甘家口附近,但由于航天事业的保密性,竟然坐三轮车绕了半天也无从得知部队的具体位置。没几年,赵祖望被分配到呼和浩特参加基地建设,"当时内蒙古大草原的荒凉让人惊叹,到处藏匿着狼窝,而草原上的老鼠看见我们这些外来的入侵者都好奇地瞪大了眼睛"。

基地建设中,赵祖望代表航天部做着甲方的管理工作。而在那个整体都不能谈艺术、不能谈创作的年代中,基地建筑更是完全没有设计可言,盖出来能用即可。但对建筑设计的浓厚兴趣使他并不甘心仅此而已。在"当好甲方,管好现场"的同时,赵祖望还积极与设计单位合作,针对建设项目的功能性、实用性等特点参与建筑设计。

"文化大革命"的灰色记忆不必言说,而基地一连串的爆炸事故也给赵祖望的工作增加了挑战。作为组织建设人员,赵祖望总是在灾后快速反应,并作出相应的安排部署,紧张有序地开展重建工作。他在重建恢复工作中的一系列举措,最大限度地减少了灾害对生产生活造成的影响,赢得了各方的认可。

在内蒙古建设的十几年间,赵祖望多次被评为先进工作者,并荣立一等功、二等功多次。在当时的大环境中是很难想象个人前景的,立定目标的赵祖望,身处动荡的社会环境中却从不曾有过迷茫。"对于自己热爱的事业,就应该坚持。不管以后是不是有机会做设计,只要自己坚持了,就可以无愧于心。"

在那十多年时间里,赵祖望掌握了两把利刃,使其在后来的人生道路上逢山过山、逢水过水。一把是他在现场管理工作中积累的厚实的施工经验,为他以后设计与现场相融合的理念奠定了坚实的基础。另一把是锤炼出来的坚韧品格,对"苦"与"累"有了深切的尝试,常有几天几夜不眠不休做方案的经历,之后时间再紧的方案也难不倒他了。

二、转身之魅

1979年底，内蒙古基地基本建成，赵祖望被调回北京。凭他的资历和经验，完全可以分到工程部门做领导，从此安逸地工作与生活。而此时他却特别希望重新开始事业，做自己真正喜欢的设计工作，为此他积极争取转到设计单位。

"雄关漫道真如铁，而今迈步从头越。"同事、朋友们都劝他放弃，一是因为他这个年龄再开始设计工作为时过晚；二是让当惯了领导的他再拉下脸来给资深建筑师们做下手，不知他能否适应。而此时已过不惑之年的他早已超然于得失之上，把感情和理想全部融入了建筑设计这方热土。面对新单位、新同事表现出的优越感，他什么话也没说，只是铆足了劲想早点做出成绩证明给大家看。

赵祖望的人生有一个非常突出的特点，就是其对自己的人生设计非常具有主动性。他坚信自己对艺术的理解用在建筑设计上再合适不过了，所以他争取了自己的设计生涯。就这样，他在不惑之年终于锁定了自己的人生目标。

赵祖望在之前一连串的设计竞赛中屡屡获胜，已然得到同行们的刮目相看，1984年组织设计的深圳石岩湖温泉浴室更是证明了他的实力。该浴室一经设计成功，即得到社会各界的高度评价，广州、香港各大媒体争相报道这一充满艺术品位的休闲度假场所。

这一年，是赵祖望人生中极为重要的一年，他开始了自己跳跃的步伐。

也许是上天诚心要弥补他过去二十年的损失，也许是他厚积而一发不可收拾的生命力和创作能力，也许是他狠着一鼓劲要把过去的时间抢回来，他的事业扶摇直上：1984年深圳石岩湖温泉浴室，1987年济南回民小区，1990年济南长途汽车总站、北京十三陵九龙游乐园，1992年北京中华航天博物馆，1993年北京市体委游泳跳水训练馆，1995—1996年北京921飞船生产试验基地……他的设计作品多次获航空航天部优秀设计奖、中国航天基金奖，他也获得"航天工程荣誉建设者"称号。北京空间技术研制试验中心规划和设计获国家级金奖。2000年赵祖望被评为勘察设计大师，被航空航天部评为部级"有突出贡献专家"。

三、建筑之痴

谈起自己的建筑作品，赵祖望先生深有感触："在建筑设计领域，还是少谈些主义，多些实用，多些情调为好。"

如今，积累了深厚经验的赵祖望以其自有的建筑语言赢得了种种赞誉。几十年的设计实践中，他更偏向"情调建筑"。在设计中适当采用一些手法，使其产生一种脱出尘俗的清幽舒展、令人神思的效果。

赵先生指出："情调建筑"的想法来源于理查得的钢琴独奏。在钢琴领域中，当然也有伟岸刚烈之作，如贝多芬《第九交响曲》、中国的《黄河钢琴协奏曲》等，那也是一种格调，可令听众的精神为之一振。人们在这些大作之中，体味着人类向上的精神美，然而我们毕竟还需要另一种美，它应该是温柔的、富有深度的含蓄美，如理查得的钢琴曲，也如《梁祝小提琴协奏曲》，它不是一泻千里的飞瀑，也不是海涛击石，那么汹涌澎湃；而是一条涓涓的溪流，是人情的絮语，是春燕的呢喃。那传神的乐音抚慰着人们的每一根神经，沁透着安详舒展的情趣。如果把音符变成建筑语言,那么,就可以营造一种令人神往的建筑室内外空间,一种温馨、深邃的意境。随着人们由外及里的步移,不断撩拨着他们的心弦,从而产生由外及里,又由里及外的美的享受,领悟出难以言状的安逸情调。可以说,此时设计出了一幢富于情调的建筑作品,即为"情调建筑"。美的建筑不一定具有情调,而"情调建筑"内涵是完美的,一味在墙面上涂脂抹粉是无法"情调"起来的,得体而不落俗套的修饰可以加强情调的韵味。

结合赵先生的诸多建筑代表作不难看出,他所设计的建筑无论大小,都很实用、有灵性。因为有着超强的洞察力,他的建筑能达到形式与实用的统一。

1. 中华航天博物馆

航天博物馆坐落在北京城南东高地,是我国航天系统现时唯一建成的对外展示基地。展出内容有运载火箭、发动机部件、卫星及有关装备、火箭发射演示及有关图片等。

当时的建设用地十分紧张,地形只能是一个大跨度的矩形。赵祖望为了使入口不至于太紧迫,将底层内收,以大台阶与前面小广场联通,二层向外挑出部分设置保密展厅和会议厅。

中华航天博物馆

展示大厅宽58米，长约60米，内设地下展坑，使火箭能竖直展出，设有12米高环形展廊，环廊下面设有展览夹层，向内收进，形成层次丰富的展览空间。屋顶采用折线形带悬挑焊接球形网架，网架外露于室内，增加现代建筑的特有魅力。

立面设计充分体现钢网架的优越性，屋顶侧面向上升起，使檐口墙体斜线偏离了正常的方形位置，斜线一长一短，交接处设粗壮的支点柱（实为墙体），于是檐口的斜墙似乎产生一种努力恢复到正常位置的张力，从而产生动感，这是一种视觉心理的妙用。

立面采用蓝色玻璃幕墙，与底层厚重的实墙产生强烈的虚实对比和强烈的材质对比，底层两侧设有柱廊。在实墙部分又增加了灰色空间，当阳光斜射，玻璃的反光和底层的阴影变化给本设计带来了不少生动的美感。

1993年中华航天博物馆建成之后，深得有关部门的好评。

2. 广东阳江海陵岛水上乐园

这是一处利用海水、以海滨景观为主题的室内戏水乐园，目前在国内尚属首例。

该设计灵感来自节能和环境设计的需求。甲方希望建一个国内最大的海水戏水池，总建筑面积达3万平方米（包括二层7000平方米），其平面尺度必然很大。赵祖望结合对方的要求及功能、艺术等特点采用250米长、98米宽的梭形体，梭形平面能满足大戏水池的尺度，利用逐渐变小的部分，合理地安排尺度要求较小的其他功能，如深海深游、剧院、咖啡厅、儿童戏水池、跳水池、滑道游乐厅等。比之于同面积的矩形空间，梭形体在节约空间上优越性是十分明显的。

海陵岛位于广东阳江市西南沿海，台风袭击频繁，水上乐园又建在海边的十里银滩之上。因此风力和带有腐蚀性的空气对建筑的

海陵岛景区

影响是显而易见的。该设计采用梭形，利用流线型的壳面，可以有效地抵抗强大的台风袭击，采用抗腐蚀材料做成的梭形的外壳，美观、实用、现代、大气、个性独特。

立面造型由金属与玻璃构成梭形，坚实、具有强烈的质感，梭体下部处理得当，使该设计也具有几分灵动。入口以流畅的曲线将大厅、商场、男女更衣室、咖啡厅等组合在副楼中，形体与主体配合巧妙，在主体1/3处安排一个高70米的瞭望塔，游人可以内、外登高远望大海，同时也为主体造型带来了新意，其在海湾中的显要地位不言而喻。

3. 北京首都师范大学图书馆

首师大图书馆建于首师大北校园中心地带，南临文科楼，北靠学生宿舍，东临三环路，西接广场，用地范围东西向长，南北向短。

图书馆历来都是高校的主要组成部分，通常都被置于重要地段最为显要的地理位置上，一般作为学校的标志性建筑来设计。该设计充分考虑东西向对建筑采光通风的不利因素，结合近年来图书馆设计采用大空间的趋向，以及作为标志性建筑所应具备的气派，特别选取菱形作为图书馆的主要体块，利用不同块体之间的穿插、组合，从而比较合理地解决了环境设计对建筑单体的要求。

　　图书馆的主体是阅览室，菱形平面的优点是能够最大限度地争取南北好朝向，将菱形的顶角加以变形，就能够得出一个功能合理、交通枢纽集中、采光通风良好的空间。同时使它所形成的块体具有了不同于任何建筑造型的独特个性，其标志性就立在其中了。

　　原方案将开架书库置于中间，以架空夹层形式布置，并利用独立的钢梯与阅览空间连接，室内空间流通、舒畅，后因建筑高度的限制而不得不割爱。现方案不设夹层开架书库，将书库布置在中段，使阅览室空间更加宽大，也是一个不错的选择。

　　一层、二层呈方形。一层设工作人员各种用房、报告厅、电脑室、音像厅、展厅、古珍书库及国学阅览室。二层设目录厅、休息厅、总借阅处等房间。不同大小的矩形块体与三、四、五、六、七层的菱形块体组合成一个

首师大图书馆效果

有变化而不失气魄、有细部处理又不繁琐的造型，实为作者一生之追求。

诸如此类的亮点不胜枚举。二十年来，赵祖望先后负责主持设计的重要工程数十项。他一贯以来对作品精益求精的执着追求，使他始终保持高度的创作境界和持久的创作激情。今天的赵祖望仍微笑着在自己的岗位上奋战着、努力着。他从不以成功者自诩，可他的确创造了一种成功。他深深眷恋着这方热土，将自己的一颗赤子之心交给了正处于建设社会主义热潮中的祖国和人民。

四、挥洒多姿生活

俗话说"人生七十古来稀"，今年74岁的赵祖望生活得非常充实。

他说，想要成为一个成功的设计师，必须要把握每一个机会定位自己。设计师一定要有实力，有内涵，有对艺术的理解。要不断地提升自己，不断地反复学习新的理念，而且还要提升观察力。设计者对艺术的理解要从现实生活中去把握。

作为一名领跑者，他始终走在时代、业界的前端；以一份使命感，去证明年龄并不足以限制事业的突破；以一种宽容，凝动着一首又一首绚丽的乐曲……

他至今仍在做具体的设计工作，坚持奋斗在第一线，他可以自由地发挥，脑袋很"灵光"。为了工作通宵熬夜依然很频繁，身体状态健康就是他的资本。而且他从来不会因为某项方案输给了学生而懊恼，"青出于蓝而胜于蓝，应该值得骄傲"，他的创作格言是："中奖不可得意忘形，不中在这复杂的建筑业中也属正常。"

他两年前在最后的年龄关口考得了驾照，时常自己开着车去野外郊游或者工作，至今最远的自驾是到了山西。他从不排斥美好的事物，国外考察时会给有着异域风情的美女拍照。他喜欢画素描、水彩，而且画得十分精彩。他向我们展示在九寨沟旅游时的摄影作品，让人有种立即去一探究竟的冲动。他在大学时体育很棒，唱歌曾经是入选了广东省大学生歌舞团的二重唱小组……

他会给案上的金猪戴上自己的墨镜耍把酷，他告诉我们他是属猪的，而当我们自然地反映出今年是他的本命年时，他却惊讶于原来今年是猪年（采访于2007年）……

采访即将结束，突然有丝不舍。笔者被眼前这位永不言倦的设计师深深感动了，一种崇拜感油然而生。"七十而从心"，原来可以是生命的另一个崭新的起点，也可以是一个惊叹号。是的，只要心中有梦，路，就在脚下延伸。

本文发表于2009年3月《科学中国人》（P108）

追求，永无止境
——访中国工程勘察设计大师赵祖望

文 楚锦辉 张 杰

初见赵大师，他身材高瘦，但精神抖擞，寒暄片刻，就与我们侃侃而谈，赵大师说话轻柔和缓，没有刻意调控气场，但马上使采访氛围变得轻松、舒适。他健谈干练、思维敏捷，一些独到的设计理念令我们深为折服，我们本是抱着听大师讲故事的心态去的，结果却像学生一样听大师深入浅出地讲建筑历史、建筑流派、建筑风格……

半个世纪的设计生涯，半个世纪永无止境的追求，正如那首诗：我不去想是否能够成功，既然选择了远方，便只顾风雨兼程，在我们满怀期待地前行中，让人温暖，让人坚定！

在勘察行业中定位、设计自己的一生

赵祖望：从小学到高中一直比较顺，唯一让我伤心的事情是1955年高中毕业入选留苏预备班，当时由于身体原因没有去成，情绪很低落。后来考入华南工学院建筑系，想学习机械或者跟电相关的专业，对学建筑也接受不了，情绪也有波折，但大学二年级之后爱上建筑了，之后就开始好好学习建筑，将一生投入到了建筑业。

大学毕业后我被分配到保密单位中国航天部工作，1965年，我被派去内蒙古，建设航天部在内蒙古的基地，一去就是十几年。内蒙古基地的生活很艰苦，我们连睡觉的时候都要时刻提防野狼的袭击。等到基地建成后我又回到了北京，当部里问我的择业要求，我第一反应就是回到自己的建筑设计专业上来，到设计院去。但因为我长期从事管理工作，一旦选择回到设计本行，我将要面对许多困难，尤其是技术方面，都要从头熟悉。在我的坚持下，我进到中国航天建筑设计研究院（集团），我当时就向组织提出，我什么官都不要当，就做设计。后来，我从一名普通设计师做起，开始发奋学习建筑设计。我每天加班加点学习、工作，我的宿舍到处都是书，当时我给自己的规定是每个月都要买一千元的书。在这样的学习劲头之下，我慢慢形成了自己的设计风格，我的作品很少仿照别人，我有自己的特点，同时，我在教学生的时候也告诉他们，一定要挖掘自己的创造力。从普通设计人到大师用一句话概括就是天赋加勤奋，要有一种事业上的追求和十足的激情。

行业人送雅号"装饰性建筑师"

赵祖望：建筑行业有各种流派，装饰性设计风格也是一种建筑流派，讲究的是整个建筑的比例尺度，比如19世纪30年代美国建筑师赖特就讲究整个构图美，体现高度的美学修养，所以他绘出的总平面图和平面图就像一幅画，建成后的建筑也都像一件完整的艺术品，直到现在，他的建筑还是很美的。比如赖特设计某世博会的德国展览馆、流水别墅都是很有名的，已是建筑界传世佳作。我们把这类追求形式美，带有装饰风格的建筑师叫作装饰性建筑师。所以，严格说来我属于带有装饰派修养的现代派风格建筑师。

实际上，我的设计风格是不断变化的，比如在规划这方面，以我设计的某个占地两千亩的小区楼盘为例，我就受赖特的影响，贯彻新城市主义的理念，讲究道路的棋盘式格局，讲究道路的人性化设计，比如车和人在一定的情况下可以混流，避免小区出现冷冷清清的现象。另外就是提倡公交系统，减少私人汽车。再就是在人行走的十五分钟范围内，就可以购物休闲、散步运动等，这就是新城市主义的理念。但为了不把它做成死板的东西，我加入弧形道路，再利用原来的村沟制造水系，和弧形道路形成呼应，将小区分割成若干个板块。各个板块又构成棋盘式格局，形成一个完整和谐的整体效果，组成一幅很有情趣的总平面设计图。这样不仅在规划上满足相应的功能要求，而且在整体布局上尽显舒适养眼的效果。当我在设计某宾馆的时候，参照当今著名的女建筑师扎哈·哈迪德的怪异设计理念，将直线的部分都进行了艺术化的处理，受到了当地规划委员会的高度评价。不断汲取新的设计理念，结合地域的特点和个性的创造，永远是建筑师的追求。

创作没有最好，我们所能做的只能是接近它，尽可能接近它……

赵祖望：如果建筑上升到艺术和上层建筑的高度，一加一就是大于二的，比如我设计一个建筑在当时是很满意的，但过后又觉得很多地方其实可以更好，因为技术是不断进步的，人们的审美也随着时代进步而变化。一个建筑从设计到建成需数年的时间，也许届时你所依据的设计理念已落后了，似乎建筑艺术总是遗憾的艺术。我还有一个遗憾，因为种种原因，自己满意的作品没有建成，自己感觉一般的却建成了。但无论怎样，我都很享受创作的过程，而且等待下一个更好的作品。

不过值得一提的是航天城的设计，当时作为与三峡工程并重的国家重点工程，要求我们在地球上做出模拟太空各种环境的实验厂房和研究室，工艺十分复杂，许多特殊工艺要求可以说是当今建筑行业的尖端，如超大空间的洁净厂房，振动、噪声、零反射、零磁、高低温等实验厂房，对于我国来说都是开创性的。作为该项目的总建筑师，从设计到建成历时三年，在时间十分紧迫的情况下，克服了很多困难和挫折，经历了数不清的日日夜夜，终于交出了满足需求的工程设计。当杨利伟等宇航员乘"神五""神六"飞船从太空返回地球时，在数以万计的工作人员之中，也有我们建筑师的一份功劳，这让我倍感欣慰。然而，十几年过去了，当我们再次回到航天城，重新审视我们曾经用心浇注的工程时，无不遗憾不已。我们完全可以将建筑的形态做得更先进、更舒适、更适用，就像我们的其他建筑设计一样，遗憾不已！

你站在桥上看风景，看风景的人在别处看你

赵祖望：在世界上，值得欣赏的建筑大师有很多，其中对贝聿铭我是极崇拜的，他对建筑的理解和实践，后人很难超越，现在的建筑师很少有他那样的修养。不只对建筑外表，对内部空间的布置、建筑立面光影的捕捉、建筑周围环境的利用等，都是无法超越的。比如他在中国的作品苏州博物馆、香山饭店等都很有名，他在美国、日本等国家设计的美术馆等公共建筑，早已成为建筑界经典之作，仅有几位日本、美国和意大利的顶尖的建筑师可以与他媲美。

建筑师≠雕塑师、美术家，不能有过多自主因素

赵祖望：作为一名建筑师，影响我们建筑设计的因素除了业主对功能上的要求之外，还有环境、地域的特点和地质状态以及当地的人文特点等，对这些因素我们需要进行综合考虑，特别是一些大型公共建筑，如果把同一功能的建筑放到两个不同的地方，建筑风格就会差很多。所以在设计过程中，触发建筑师设计灵感的因素是多方面的，综合考虑后才能做到各方面满意。但是作为建筑师也有很多无奈的地方。建筑师在设计作品时不可能像雕塑师、美术家那样，可以有很多自主的因素。我们是拿别人的钱来做设计，会有许多制约因素。比如说甲方的要求，有些不合理的因素，作为建筑师就需要想办法说服他。如果实在说服不了，那作为建筑师也很无奈，最终只能按照甲方的要求进行设计。还有一些主管部门，他们会以他们的理解来要求你修改设计，不少低水平的意见不得不采纳，这样的情况下出来的设计作品就会有不少遗憾。当然，大众建筑文化的层次和旧习俗也会影响建筑师，这就不是我们能解决的问题了。

好学、勤奋，善于思考是立业之基

赵祖望：我觉得首先是好学、勤奋，善于思考，其次是善于综合各方面情况进行分析比较，这样就容易得出比较好的设计方案。在构思过程中，通过对多个方案进行比较，不断优化、改进，最终才能做出满意的方案。对相关的行业，比如雕塑、美术、音乐、体育等，要有一定的了解和爱好。综合起来以后，才能在设计中激发出自己特有的想法。通过这样的思维方式，经过长期的积累，达到一定程度后就会爆发出属于自己的灵感，这样才能不断打破旧的思维模式，让创作灵动起来，所以我提倡"杂家"。别看我年纪很大了，我到现在也还在坚持学习、勤思考，我一直坚持吸收国内外的建筑知识。学习无所不在，我们逛街、购物、休闲时身边都是建筑，要善于发现每个建筑的精彩之处和不足的地方，不断思考、总结。善于学习不是一句空洞的话，是一辈子的事，只有这样才能成为大师，否则永远都是一个平庸的建筑师。

目前我还在设计的第一线，还在不断出作品，并且很享受设计过程。同时，我也一直活跃在各个建筑比赛当中，或许会输，这是常事，但一定要明白输在哪里，是要吸取教训的。我也不介意和自己的学生同台比赛，在设计作品面前没有老师和学生，大家都是平等的，我们会在这样的沟通和交流中碰撞出火花。我认为，坚持在一线能够让我始终保持着新鲜的设计状态，所以，我并不认为年纪大了就要退出一线，相反，我很享受这个工作的过程。最近，我为了设计世博会的建筑作品已经熬了十五个日夜，虽辛苦，但充实。

广泛兴趣爱好为创作增色

赵祖望：年轻的时候爱好音乐，曾经是广东省大学生合唱团成员，当时唱的歌都很受欢迎，不得不说，这对我从事设计工作也有很大的帮助。现在我设计的歌舞厅、俱乐部可能比一般人要好。我喜欢钓鱼、跳舞、拉二胡，还喜欢旅游，看名山大川，看各地风土人情，看到美的风景我都会被大自然感动，甚至为天造地设的自然风景而感动得流泪。作为一个建筑师，我希望能成为一个具有广泛兴趣爱好的"杂家"，丰富的知识才能催生出色的作品。

后记：年轻是我们对赵大师最深刻的感受，这个年轻不是指年龄，而是指心理，大师的创作理念、设计风格无一不彰显着活泼、灵动的特质。赵大师身着白色的衬衣、笔挺的西裤，那股火力劲儿直逼年轻小伙，让我们慨叹之余，也是羡慕不已。当听到大师说他为了设计世博会的一个作品已经熬了15个日夜时,我们惊叹,因为在他的脸上,我们看不到疲惫,有的只是对建筑设计的执着,对美好事物的追求。

赵祖望大师主要作品:
航天展览博物馆(获部级一等奖)
深圳石岩湖温泉浴室
济南回民小区规划及设计
济南长途汽车总站
北京十三陵九龙游乐园(获北京群众最喜爱的建筑奖)
中国航天空间研究院(获国家级金奖)
木樨园北京体委游泳跳水训练馆
青岛园博会花卉展览中心
上海世博会航天馆
一汽青岛分厂规划及生产科研楼设计
泰州商业中心规划及设计
门头沟碧云天度假村规划及设计
阳江海陵岛戏水乐园方案
北戴河宾馆式公寓规划及设计
大连市经济开发区入口广场规划及设计
济南黄旗山国际花园小区
北京国际建材城

本文发表于2012年《工程建设与设计》

五十载倾心设计　苦心人建造美丽
——专访中国航天建筑设计研究院国家级建筑设计大师赵祖望

文/金立刚

当《中华民居》杂志社的记者叩开中国航天建筑设计研究院的大门，如约采访到国家级建筑设计大师赵祖望先生时，心中不免感慨，在建筑设计界，赵老之所以声名远播，源自他五十多年的认真和务实。

五十年来，他足踏华夏九州，从南海边石岩湖温泉浴室的潜心设计到北京航天城游乐园的建成，从甘肃敦煌旅游区的规划再到航天空间技术中心的方案设计，他的身上流淌着建筑设计者的鲜活血液，奔腾不息。在赞美、荣誉与掌声面前，他从不张扬，求真、务实才是他的真本色！他就是德高望重的国家级建筑设计大师赵祖望先生。

"抛开思想束缚，设计应博采众家所长"

如果说中国的儒家思想影响并改变了人类，这是我们中华民族的进步。

然而，凡事过犹不及。一旦一味地追求传统文明，可能在建筑的设计理念上就会出现思想上的束缚，一旦这种束缚维系下去，闭门造车的情况就会重演。

赵祖望大师对这一观点是深信不疑的,因为他在用心去设计每个建筑方案时,感触颇深。他认为,当今世界的建筑领域是多元化的,从理论上讲,中国的建筑界与西方世界的思想以及设计理念是完全不一样的。西方的设计理念敢于冲破一切束缚,只要经得起实验推敲都可运作,这种思想往往能够使设计者设计出超前的作品来;而在中国,建筑师们顾忌太多,虽根基扎实但设计的理念不够成熟,他们往往都会放弃原有的思路去开拓新的思路。

谈到根基的重要性,赵老非常详细地展开叙述:"根基"就意味着建筑要回归到很深的基础,包括现代建筑、东西方的古代建筑以及整个世界建筑的状态。通过自己的实践,设计出很多建筑作品后,根基才算牢固。如果设计师在此基础上加以设计,那么他的作品的成功概率就会很大。譬如,此前刚刚获得普利兹克奖的建筑师王澍,他的设计根基在于扎实的文学和绘画功底,他的作品囊括了中华民族的底蕴,并能把中国传统建筑尤其是江南建筑很好地通过作品加以诠释。在这样的背景下,王澍试图将民族的传统建筑文化与当前建筑相结合。

了解国内建筑的人都知道,几十年前,中国的建筑大师们就已经试图把地域性、传统性、现代性三者有机结合起来,进行探讨。然而,在研究过程中,许多国内一流的建筑大师还是未能摆脱传统建筑思想的束缚而真正地坚持下去,王澍之所以能加冕"建筑界的诺贝尔奖",主要归因于他的坚持和探索。

"设计师的良心和责任心至关重要"

在建筑界,任何一部作品的好坏,都可上升到每位设计师的良心和责任心高度，因为这些作品对人类的影响至关重要。

或许，门外汉根本意识不到设计对人类的间接影响，赵祖望大师却一语道破天机。他引用建筑学界张锦秋院士的一句话："如果你买一块石头放在家里，好不好看没人管；如果你把这块石头搬到路边，那就有人管了。"言外之意，建筑是一种责任，建筑设计涉及技术问题，同时也离不开艺术，如果把比较粗糙的建筑呈现给大众，那么它将对人类的生活造成不可避免的负面影响。赵大师多次强调责任心的重要性，在几十年的建筑生涯中，他也真正地用行动诠释了建筑师的责任，那就是为人类创造出更加美好的生活环境。反之，如果没有这份责任心，所设计出来的成果会给人类带来视觉和精神上的污染。

数十年来，赵祖望大师桃李满园，他对每个徒弟都严格要求。他觉得，如果个人的专业水平不够，就要提升自己的专业技能。在设计过程中，建筑师们要充分了解甲方的要求，了解建筑基地周围的环境，以及环境和建筑的相互影响，既要配合环境，又要美化环境。这样创作出来的作品才是符合百姓实际需要的，这样的设计师才是富有责任心的。当然，在这一点上，赵老还提到，建筑不分高低贵贱，哪怕是对垃圾站或者公共厕所的设计，都要用心去做，并且一个优秀的设计师，他会带有很深的情感去工作。建筑一旦建起来，就会立在那里，所以建筑师绝不能有丝毫的马虎，要有良心和责任心，这样做出来的东西，如果还是有缺陷，也只不过是能力上的问题罢了。

"洞悉前沿设计理念，设计上要遵循以人为本"

要用现代材料做出带有一定中国味的东西，那是相当困难的一件事，做不到的原因很多，比如现代人的生活方式、审美理念，科技发展等，这些古人办不到的东西恰好成了制约我们设计师的最大障碍。可是，如果舍弃现代材料的束缚，就又回归到古代了。

赵大师认为，科技的进步同时也伴随着理念的变化，这时，建筑师们要站在时代前沿去思考，取其精华，去其糟粕，设计上要遵循人本思想。

举个现实生活中的例子：伊拉克裔著名女建筑师扎哈·哈迪德在英国教学，我们不能否认的一个事实是，哈迪德在现代建筑方面有着很深的根基，但她的作品放荡不羁。不论在阿联酋，还是在中国、印度，她成了中奖专业户，理由很简单，她所设计出来的作品都是奇怪的无规则的造型，也就是当今业界常说的动感设计。哈迪德随意画张草图，接着利用计算机上的一种软件任意拽成一种曲线形状，再从中间进行挖洞，比如宇宙空间怪兽，等等，即便她的图纸完全偏离了"笛卡尔坐标"，但是人们却争相模仿，模仿者认为她的设计理念是前无古人的，有大自然气息，充满艺术性和神秘感。然而世界各地许多泰斗级的建筑师极力反对她的理念，他们认为这种不负责任的设计违背了人们的生活、工作习惯，也违背了建筑体系。

面对这一现状，赵大师认为，大众接受哈迪德的设计，说明它有存在的价值，我们不应该完全地否定，也不应该过分给予肯定，而是在不违反原则的基础上尽量回归自然。假如用这种设计理念来建造一座城市，后果不堪设想，这种建筑完全背离了人们的生活习惯，而建筑的根本目的就是为了满足人类的需求，建筑师要本着为人类服务、以人为本的思想。不管哈迪德设计出来的建筑作品是哪种几何形体（包括立方体、圆形、椭圆形等），其中都有很多学问可以钻研，比如说既满足人类的生活、生产需求，又不会出现千篇一律横平竖直的东西，这样，建筑所形成的内部空间和外部环境与平常所见到的完全不一样。这样设计出来的作品，看起来会很舒服、很有创意，感官上和精神上都会有一种别样的享受。

"设计作品的好坏取决于建筑师的综合素质"

1960年大学毕业后，赵大师一直从事建筑领域，起初他在中国航天建设设计研究院担任甲方，负责管理现场。在五十余年的设计工作中，他深切体会到设计作品的成败是由许多细节决定的，包括几十年来的工作阅历、人们的审美情趣、生活环境和思想的改变等。赵大师坚持认为科技的发展改变了人类的习惯，因循守旧的人也要与时俱进。科技的发展必然会改变人类的生活习惯，也必然会让中国传统的东西发生变化，设计师在勇敢追求新东西的同时，还要拥有一颗勇敢的心来丢弃过去，杜绝传统东西的僵化。

当然，灵感也是建筑师不可或缺的要素，没有好的灵感，同样设计不出优秀的作品来。作为一个特别好的建筑师，要懂得多方面地吸收科学和艺术。赵大师认为，一个合格的建筑师，他首先应该是一个杂家，不管他擅长文学艺术，还是美术、服装，或是修养很高，如果在此基础上从事了建筑行业，那么他必然是位不错的建筑师。

谈到综合素质，不得不说一下建筑师的认真。如果在设计每部作品时，自始至终拼尽全力，责无旁贷地努力，即便你暂时不够突出，那也可以说明你是合格的建筑设计师。鲁迅曾经说道："不为最先不耻最后。"只要用心去创造作品，脚踏实地夯实基础，大胆想象和学习，设计出来的作品一定会越来越好！

"绿色建筑的推进离不开制度的完善、人们的观念"

谈到绿色建筑，赵大师娓娓道来，不过从他的言谈中我们也洞悉了绿色建筑在当今社会存在的问题。

绿色建筑必然是建筑领域的发展方向，它要求材料的重复使用，减少对大自然的损耗，注重美化环境，然而，绿色建筑的普及还是相当有难度的。赵大师认为，当今社会，国家依靠开发商投资来建造房屋，如果要搞绿色建筑，开发商的建造成本会显著增加，即便按照要求把绿色建筑做出来，买房者通常会把价格放在第一位，买家宁愿买些便宜的门窗，大量的不保温的廉价暖气片，也不会选择高价绿色家居。因此，从目前来看，绿色建筑的推广是有难度的，百姓的观念跟不上、开发商的资金"伤不起"等都是制约因素。话说回来，即便绿色建筑的密闭性比较好，可是收暖气费的单位是按照房屋面积来收费的，用户花了大价钱选择绿色建筑，但暖气还是按统一标准收费，不公平，这点可以看出国家的相应制度尚未跟上时代。

与此同时，小区的绿化推广同样有难度，比如北京市小区的地下基本上都被挖空建成地下室或者地下车库，绿化面积难以达到指标。国家的制度规定和百姓生活习惯、观念不改，很难推进无底绿化。可是，绿色建筑毕竟是我们建筑界的发展方向，人们追求保温隔热的绿色建筑，一年四季都可以用便宜的价格来打造出舒适的温度。我们现在推广不了，其原因是多方面的，德国每立方米耗能是中国的一半。同样打造室内的某一温度，我国要比德国多耗一倍能量。中国十三亿人口，可想而知资源浪费是惊人的。说到底，关于绿色，政府的执行力、投资、回收尤为重要。而在识别上，百姓可通过墙体厚度、门窗的材质以及气密性、门窗内部材料是否加入隔热材料等方法来辨别绿色建筑。

"设计作品举世瞩目，辉煌总在汗水后！"

任何一个建筑师都不应该骄傲，只有用新鲜血液不断地充实自己，坚持以人为本、顾客至上的原则，在设计的过程中，才能创作出无数个优秀的作品来。

航天城游乐园方案、北京十三陵九龙游乐园、深圳石岩湖温泉浴室、"一汽"青岛分厂规划及生产科研楼设计、泰州商业中心规划及敦煌旅游区规划等，在赵大师几十年的工作实践中，他设计出来的作品总是给人一种震撼的视觉冲击力。原因在哪？主要归功于他能够把水文地理、道路交通、当地人文、当地材料加以全面熟悉并运用，在构思上，往往从美学、实用、色彩、安全问题等方面进行综合思考，继而全面铺开，最后得出初步满意的结论后，再考虑到它的美观，同时推敲出多个方案，最后选择一个有发展前途的方案来执行，举世作品就这样相继出炉。

赵大师坦然地说，每个设计方案在敲定以前，其背后的辛酸是需要建筑设计师坦然面对的，综合各种不同的原因加以正确判断，总结出该走的方向是相当痛苦的一段过程。不过，一个有为的建筑师，首先要发挥出自身的主观能动性，并能在岁月这把刻刀下坚守下去，这样他才会逐渐走向成功！

本文发表于2012年7月《中华民居》（P11）

书画作品选

建筑大师

文集

自画像

时年八十有五

二〇二〇年国庆

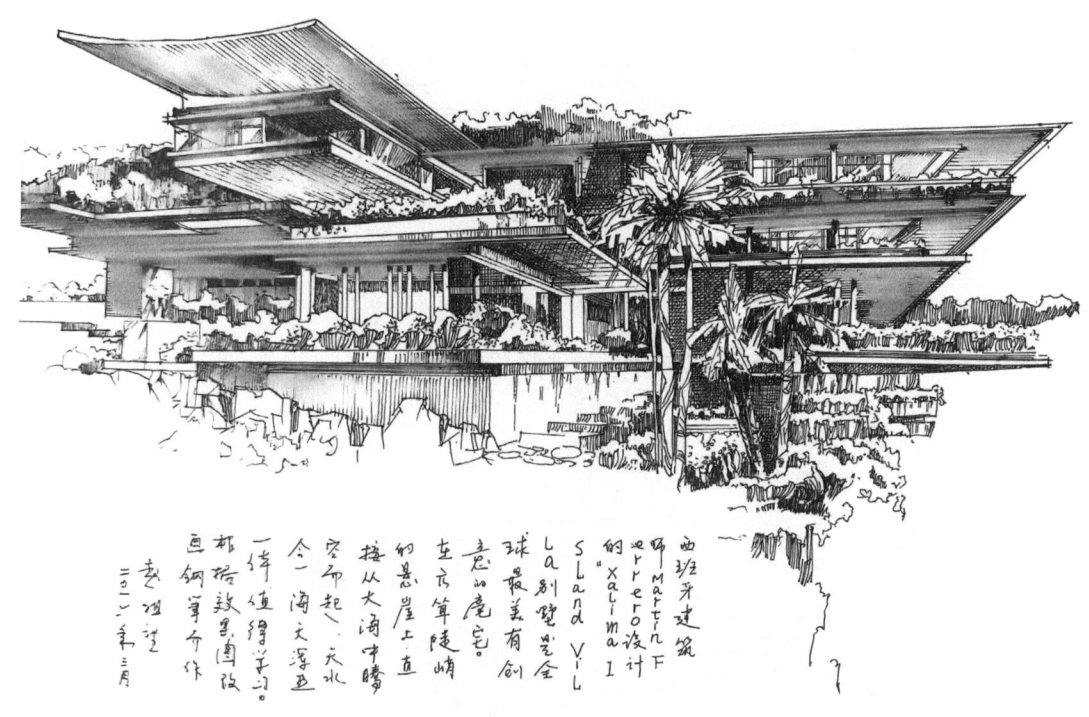

「Xálima Island Villa」别墅

西班牙建筑师 Martin Ferrero设计的「Xálima Island Villa」别墅是全球最有创意的豪宅，在高耸陡峭的悬崖上，直接从大海中腾空而起，天水合一，海天浑然一体，值得学习。此为根据效果图而作的钢笔画

二〇一六年三月

建筑大师 文集

人物画像
我喜爱的篮球运动员——马布里
二〇一五年六月

书画作品选

古镇
二〇一三年六月

建筑大师　文集

片石山房一景
二〇一六年

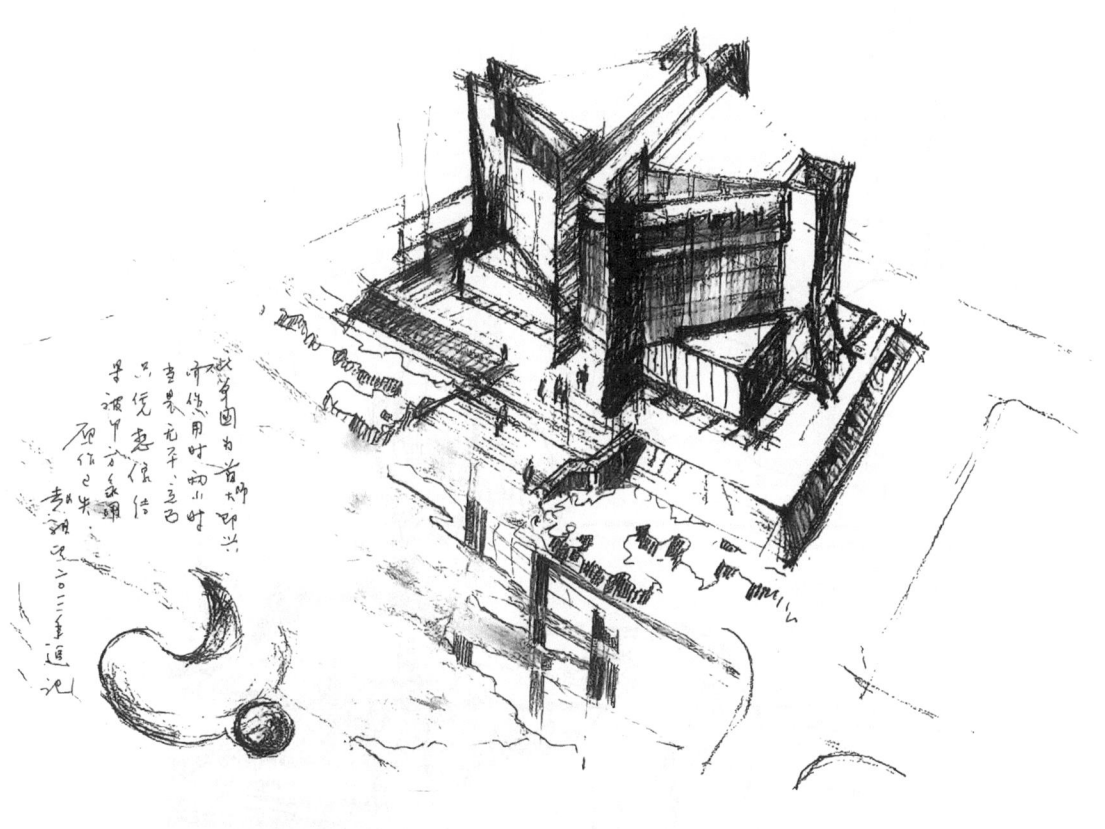

首师大即兴作

　　此草图为首师大即兴而作，用时两小时，当时无平立面，只凭想象，结果被甲方录用。原作已失

二〇一二年追记

临「寒山素影」
国画改钢笔画
二〇一六年

书画作品选

佛

二〇〇五年全家赴昆明见某餐厅一座哈哈佛造型和技法实为精品，照了下来，趁空闲绘出以作纪念

二〇一〇年八月

241

胡杨
根据丁和摄影作品『与天共午』改绘
二〇〇七年四月

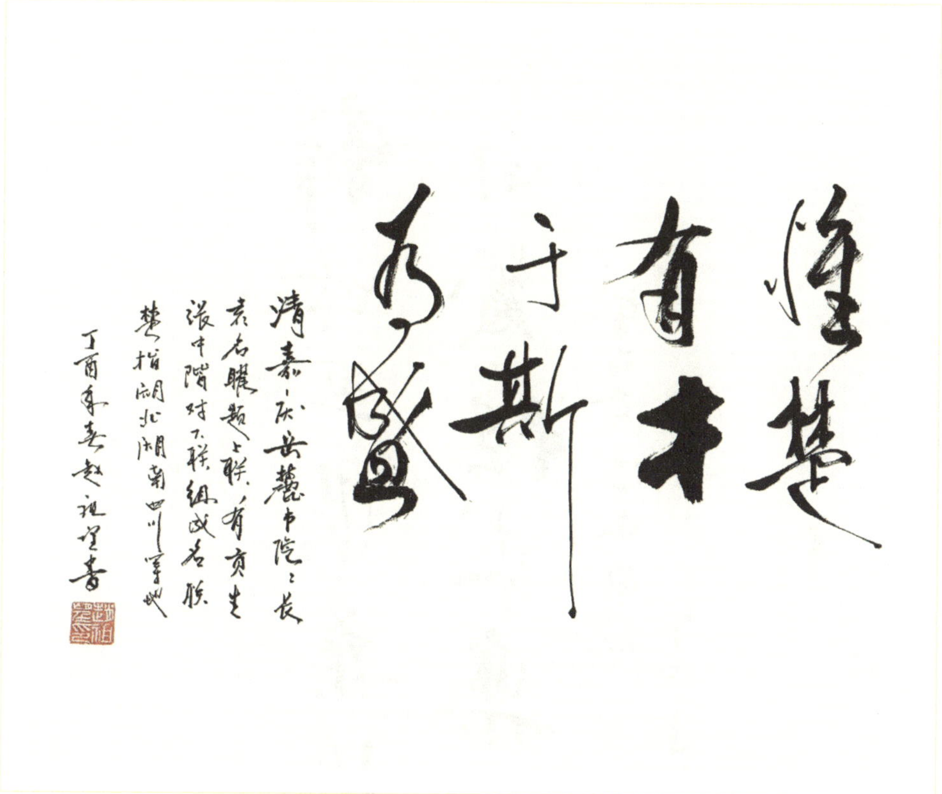

书画作品选

惟楚有才　于斯为盛

　　清嘉庆岳麓书院院长袁名曜题上联，有贡生张中阶对下联组成名联。楚指湖北、湖南，四川等地

二〇一七年

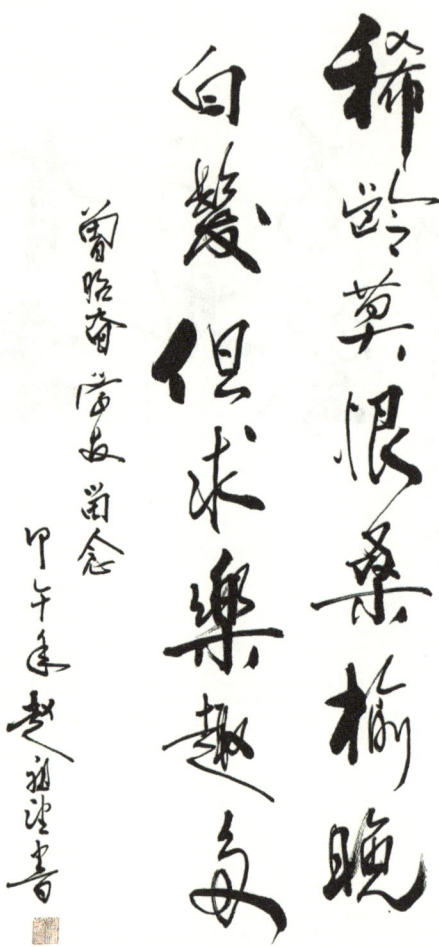

稀龄莫恨桑榆晚,
白发但求乐趣多

曾昭奋学友留念

二〇一四年

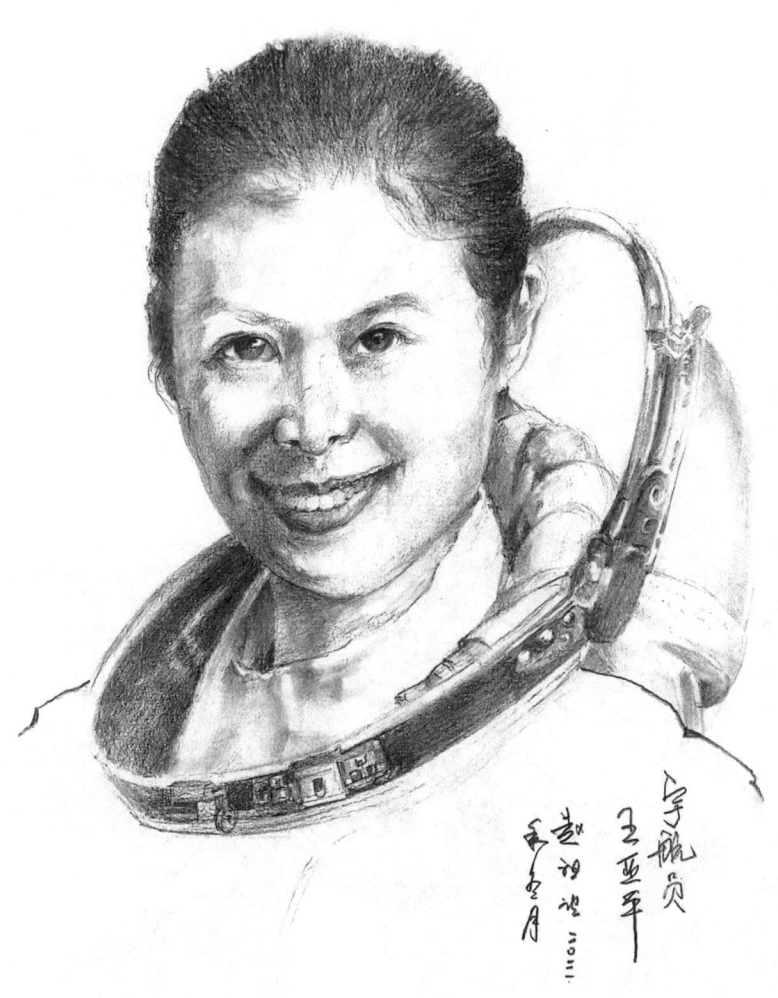

书画作品选

宇航员王亚平

二〇二二年三月

建筑大师 文集

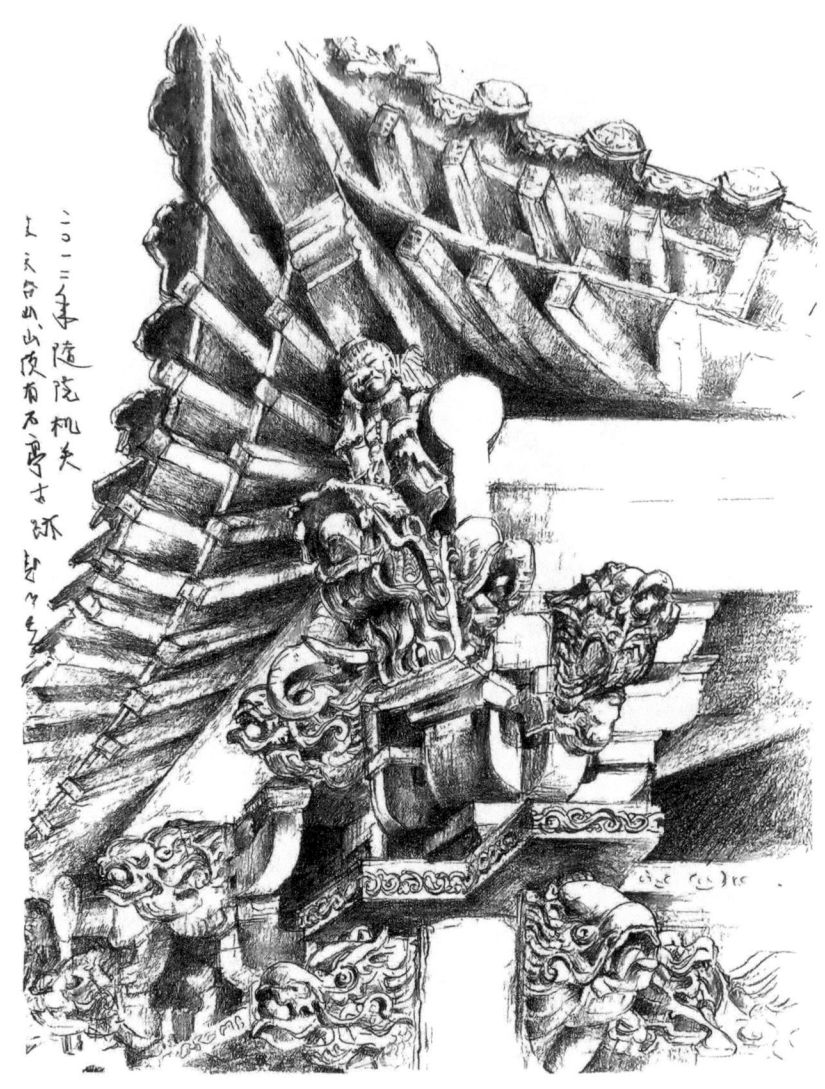

石亭

二〇一二年随院机关游天台山，山顶有石亭古迹

深圳陈氏书院砖雕

二〇一五年八月